幸福河

评价理论与方法研究

鞠茜茜　柳长顺　著

中国水利水电出版社
www.waterpub.com.cn
·北京·

内 容 提 要

本书从理论、方法和实证等方面系统全面地总结了幸福河评价的基础理论，建立了幸福河评价模型技术体系。主要内容包括幸福河评价的基本原理与社会学基本理论、幸福河评价指标体系、山西省汾河流域应用实例分析。

本书是一部研究河流评价与管理的专著，具有系统性、综合性和创新性，可为科研单位、高等院校及决策部门的科研人员提供借鉴，也可作为相关院校水文水资源及其相近专业师生的教学辅助使用。

图书在版编目（CIP）数据

幸福河评价理论与方法研究 / 鞠茜茜，柳长顺著.
北京 : 中国水利水电出版社，2024. 10. -- ISBN 978-7-5226-2878-3

Ⅰ. X321.225

中国国家版本馆CIP数据核字第2024SJ8701号

书　　名	**幸福河评价理论与方法研究** XINGFUHE PINGJIA LILUN YU FANGFA YANJIU
作　　者	鞠茜茜　柳长顺　著
出版发行	中国水利水电出版社 （北京市海淀区玉渊潭南路1号D座　100038） 网址：www.waterpub.com.cn E-mail：sales@mwr.gov.cn 电话：（010）68545888（营销中心）
经　　售	北京科水图书销售有限公司 电话：（010）68545874、63202643 全国各地新华书店和相关出版物销售网点
排　　版	中国水利水电出版社微机排版中心
印　　刷	天津嘉恒印务有限公司
规　　格	184mm×260mm　16开本　9.5印张　160千字
版　　次	2024年10月第1版　2024年10月第1次印刷
印　　数	001—600册
定　　价	**78.00**元

前　言

人类生存与社会发展向来与河流息息相关，河流的评价和管理是全世界普遍关注的问题。而幸福是人类一切行为的终极目标，是人类千百年来永恒追求的主题。2019 年 9 月，习近平总书记发出“让黄河成为造福人民的幸福河”的号召，水利部在健康河湖的基础上提出幸福河湖建设试点。建设幸福河的任务，继承了历史治水的使命，也为未来国家水治理的发展提出了新要求。实现幸福河目标已经成为新时代江河治理保护的一条贯穿全局的主线。

汾河是山西人的母亲河，是黄河的第二大支流，也是山西省境内第一大河流，以占全省不到 1/3 的水资源量，贡献了全省近 1/2 的生产总值，承载着全省近 2/5 的人口。近年来，山西省以大规模煤炭开采为主的经济发展模式带来全省范围内的环境恶化，汾河流域一直面临着严峻的水资源、水环境及水生态问题，水资源总量与地表径流量持续减少，植被覆盖减少、生物多样性降低、生态系统脆弱、水土流失严重，汾河流域的生态环境问题成为制约山西省可持续发展的瓶颈，如何让汾河“幸福”起来，成为十分迫切的任务。

目前对于幸福河概念及内涵仍然缺乏统一的定义，对于幸福河的评价方法也尚未有统一的标准。因此，在明确其内涵的基础上探讨构建幸福河的具体评价指标的体系与方法，对于全面评价河流幸福情况、助力河流建设和科学管理具有重要的理论和实践意义。

本书在综述国内外河流及国内幸福河评价方法的基础上，结合山西省汾河流域特点，从满足人民群众对幸福的需要和追求的角度出发，开展幸福河评价理论和方法的研究。提出了基于人类幸福理论的幸福河基本理论，构建了幸福河评价指标体系，并以汾河流域为实例进行应用研究，初步验证了理论与方法的合理性与可操作性。全书共分 7 章，第 1 章概述当前研究背景与现状，第 2 章侧重于基础理论研究，第 3 章为评价指标体系构建，第 4～6 章为实例应用，第 7 章进行总结与展望。

本书在写作过程中得到了各位老师与同行的指导和帮助。感谢陈敏建老师在本书编写中对解决问题的思想方法给予的启发和指导；中国水利水电科学研究院的多位专家在本书编写过程中提出了许多富有建设性和前瞻性的意见，给予了很大的帮助，在此表示衷心感谢。同时，在研究过程中还参考和引用了大量的相关书籍和文献资料，均已在参考文献列出，在此对各位作者一并致以衷心的感谢。

由于幸福河评价与管理是一个复杂的系统科学问题，加之作者水平有限，本书难免有不足之处，恳请广大专家读者批评指正，以便在今后的研究中进一步完善。

作者

2024年6月

目　　录

第1章　绪论

1.1　研究背景与意义

河流是人类社会文化的起源，也是人类文明发展的重要依托。人类生存与社会发展向来与河流息息相关。河流的评价和管理已成为全世界普遍关注的全球性问题。

2019年9月18日，习近平总书记视察黄河时，在黄河流域生态保护和高质量发展座谈会上发出了“让黄河成为造福人民的幸福河”的号召。黄河的治理开发保护自古就是国家水治理的重点，是兴国安邦的大事。当前，新时代人们对水治理的要求已经不限于传统意义的水安全，黄河流域生态保护和高质量发展已经上升为重大国家战略。加强各大流域的治理和保护，促进其高质量发展，处理好流域人民群众所关心的水问题，牢牢守住防洪安全、供水安全、生态安全三条底线，是维持社会稳定、推动民族团结的关键所在。

2019年时任水利部部长鄂竟平指出，当前治理大江大河的主要矛盾已转变，实现幸福河目标已经成为新时代江河治理保护的一条贯穿全局的主线。黄河流域必须保障“大堤不决口、河道不断流、水质不超标、河床不抬高”；全国江河要做到防洪安全与良好的水资源、水生态、水环境。建设幸福河的任务，不仅继承了历史治水的使命，更为未来国家水治理发展提出了新要求，为黄河流域和全国其他江河都提供了重要的借鉴和启示作用。

汾河是山西人的母亲河，是黄河的第二大支流，也是山西省境内第一大河流。汾河流经山西省的忻州、太原、吕梁、晋中、临汾、运城6市的29县（区），全长716km，流域面积39741km^2，多年平均水资源总量33.59亿m^3，水资源量仅占全省水资源总量的26%；人均年径流量136m^3，仅占全国人均径流量的6.6%。近年来，随着经济快速发展、煤炭能源开发和人口急剧增长，汾河流域水资源供需矛盾越来越突出，引发了地表径流减少、地下水位持续下降、岩溶大泉干涸、水质恶化和地面沉降等一系列环境问题，成为制约山西省可持续发展的瓶颈，建设幸福汾河的任务迫切且艰巨。习近平总书记在山西考察时曾强调，要让汾河“水量丰起来、水质好起来、风光美起来”；2022 年 9 月，“汾河流域生态保护和高质量发展”协商研讨第一次会议上，沿汾六市政协主席联名倡议，秉持生态优先、绿色发展的理念，传承历史文化，共同致力于黄河流域生态保护和高质量发展先行区的建设，致力于打造汾河流域文化旅游的示范区域。

幸福河理念诞生于我国河流治理的新时代，这一理念基于重大国家战略和系统全局视角，对河流管理提出了更高的要求。但目前对于幸福河概念及内涵仍然缺乏统一的定义，对于幸福河的评价方法也尚未有统一的标准。因此，在明确幸福河内涵的基础上探讨构建幸福河的具体评价指标体系与方法，并开展相关实例研究，以深入探索各大江大河幸福河建设方案，将幸福河理念应用于河流治理与保护之中，是当前急需解决的问题。

本书结合山西省汾河流域特点，从满足人民群众对幸福的需要和追求的角度出发，开展幸福河评价理论和方法研究，构建山西省汾河流域幸福河评价指标体系，对客观评价河流幸福情况具有重要的理论和实践意义，为幸福河建设和科学管理提供技术支持。

1.2　国内外研究现状

“幸福河”中的幸福，是大多数人对河流的一种主观感受。从根本属性上说，幸福河之幸福，是一个物质和精神相结合的概念，即一个包含了文化属性的概念。深刻理解幸福河所蕴含的意义，不仅需要从人类幸福的角度出发，也要兼顾河流本身的健康状况，同时也需要关注人类与河流之间的关系，因此需要对幸福的内涵和河流评价发展研究现状分别进行梳理。

1.2.1　幸福的内涵要义

幸福是一个内涵极为丰富、包容范围甚广、变化性极强的范畴。人的幸福具有多样性和复杂性，与时代、地域、阶级及阶层息息相关。对于什么是幸福、如何才能获得幸福，古今中外的思想家进行了激烈的争论。随着时间的推移，对幸福及其直接和间接原因的解释应该成为社会科学的中心目标。

本书旨在从跨学科的角度深入探究“幸福”一词的内涵，为幸福河概念的提出提供指导。

1.2.1.1 幸福论的发展阶段

高延春等按照历史的时间序列，将西方幸福论的发展划分为古希腊时期的幸福论、中世纪时期的幸福论、近代时期的幸福论及马克思主义幸福论 4 个阶段。

1. 古希腊时期的幸福论

在古希腊罗马时期，由于社会生产力发展水平低下，人们比较关注经济生活和物质需要的满足，把幸福归纳成一种或几种能让人得到快乐的行为。古希腊时期的幸福论具有朴素的唯物主义特质。

2. 中世纪时期的幸福论

欧洲中世纪前中期，宗教神学控制着意识形态领域，这个阶段的幸福论也具有浓厚的神学色彩，使得以人的自身为中心的幸福论变为以上帝为中心的幸福论。到中世纪末期文艺复兴时期，弗朗西斯克·彼得拉克（Francesco Petrarca）、乔万尼·薄伽丘（Giovanni Boccaccio）、乔尔丹诺·布鲁诺（Giordano Bruno）等学者反对教会的来世主义和禁欲主义，反对神性和宗教桎梏，肯定人性和提倡个性自由，主张人应该追求现实生活中的幸福和快乐，为近代资产阶级幸福论开辟了道路。

3. 近代时期的幸福论

17 世纪的近代哲学继承了人文主义的思想，突出了人的尊严、人的价值和人的幸福，更加重视对人的内心的反省，对人的主题意识的审视，强调理性、经验，注重功利和现实的幸福，产生了经验论派和唯理论派的幸福论、18 世纪法国及德国古典哲学家的幸福论、功利主义者及空想社会主义者的幸福论等。

4. 马克思主义幸福论

19 世纪 40 年代，马克思在世界观和方法论上秉持辩证唯物主义和历史唯物主义，批判地继承了西方幸福论的合理内核，把幸福植根于现实的生活世界，从现实生活中的人出发，强调幸福范畴是社会生活条件在人们的思想和情感中的反映，是人类历史发展的结果，幸福是对人生具有重大意义的，需要在一定程度上满足的快乐体验。

马克思主义幸福论将幸福定义为人们在创造物质生活条件和精神生活条件的实践中，由于感受和理解到目标和理想的实现而得到的精神上的满足。从人的需要的角度，人的幸福包括物质幸福和精神幸福。一方面，按照需要的满足次序，物质需要的基本满足是人追求物质幸福和精神需求的基础；另一方面，精神幸福也是一种强有力的精神力量，可极大地增强人们改造物质世界的力量。总的来说，人类追求物质幸福与精神幸福的统一，追求物质财富的持续增长，精神世界持续开拓，人的幸福也因而持续增强。

1. 2. 1. 2　幸福的量化及指数构建

幸福向来是一个抽象的概念，一直以来人们都在按照不同的理解、从各种不同的角度定性地描述幸福的含义。而如何直观地描述幸福感，从定量的角度去量化幸福，这正是幸福指数需要解决的问题。针对这一问题，为了更好地衡量人类幸福，各国政府、研究机构和学者们都在积极地对幸福指数及其指标体系进行研究和实践。

传统意义上，幸福被定义为在一个单一的客体尺度上进行评价，即以国内生产总值（GDP）或国民生产总值（GNP）来衡量的物质上的进步，在一国经济发展水平相对较低的情况下，国民收入与国民幸福感之间存在着显著的正相关关系，国民收入的增加往往预示着国民幸福感的增加。然而，在国民收入超过某一阈值以后，国民收入增长和国民幸福感提升的正向关系明显降低，幸福水平的提高就越来越不依赖于国民收入增加，人们并没有在物质财富的增长和经济快速发展中感受到生活质量的提高和幸福感的增强。

工业革命的兴起和科学技术的进步，使人类社会逐渐摆脱了物质条件缺乏和物质产品匮乏的时代，唯经济指数、“GDP 崇拜”的幸福取向，也导致了生态环境、国民教育、就业保障、社会福利、医疗卫生和文化建设等领域的忽视和滞后，人们开始意识到，GDP 既无法度量物质增长的方式和代价及社会和生态效益，也无法反映资源配置效率、分配公平和贫富差距。

1. 国民幸福总值 GNH

人们逐渐形成一个普遍的共识，即幸福是多维度的，幸福这一概念绝不能仅仅通过物质收入来描述。人的幸福具有多样性和复杂性，其涵盖了人类生活的所有方面，因而研究幸福问题需要经济学、心理学、哲学、社会学、教育学等诸多学科进行跨学科研究。要对多维度的幸福进行科学地衡量，就需要用客观的指标和指标体系来完善、补充或者替代 GDP 这一单一的标准。

1970 年不丹国王首次提出国民幸福总值（gross national happiness，GNH）的概念：人类社会的有益发展是物质发展和精神发展相辅相成的结果，国民幸福总值（GNH）比国内生产总值（GDP）和国民生产总值（GNP）更能全面地衡量一个国家的质量；对人民生活幸福而言，国民幸福总值比国民生产总值更重要。不同于当前西方文献中关于幸福的某些概念，在 GNH 指数中，幸福本身是多维的，不仅仅由主观幸福来衡量，也不仅仅局限于始于自己、结束于自己、关心自己的幸福，其对幸福的追求是集体的。

2.《全球幸福指数报告》

在 2012 年联合国第一期《全球幸福指数报告》(*World Happiness Report*) 政策分析中，比较了不同因素对幸福的定量影响。分析方法是将其他因素变化的影响与收入增加 30%的影响进行比较，结果表明，除了收入，还有失业率、身体健康状况、社会支持度、自由度、腐败度等其他很多因素对人们很重要。在发达国家尤其如此，大多数或全部人口的生活水平远远高于基本物质需求。在相对富裕的国家，最重要的是不要把人民的幸福服从于经济利益，因为当收入如此之高时，收入的边际效用很低。经济是为人民服务的，而不是人民为经济服务。例如，如果由于气候变化和生物多样性丧失而导致普遍的痛苦和混乱，那么在未来一二十年内保持高 GDP 将毫无意义。经济增长要有价值，环境和社会就必须是可持续的。

在探讨不同因素对幸福的定量影响的政策分析基础上，2012 年《全球幸福指数报告》正式采用国民幸福总值的概念，用来测度民众幸福程度。调查测度的时间跨度从 2005 年至 2011 年，调查对象是全球 156 个国家。从 2012 年至今，联合国每年发布一期年度《全球幸福指数报告》（以下简称《报告》），该报告普遍得到了全世界范围内各国政府、机构、社会组织的认可。

《报告》所构建的这一指标体系包括经济增长、文化发展、环境保护和政府善治四大支柱，包含人均国内生产总值（人均 GDP)、社会支持、预期健康寿命、人生选择自由度、国民慷慨度、社会清廉度这六大要素，其他一些关联因素定量衡量民众的主观幸福感。《报告》使用 GNH 指数概述了心理健康、卫生健康、时间利用、教育、文化多样性与适应力、良好治理、社区活力、生态多样性与恢复力及生活水平 9 个领域。其指标体系由 33 个聚类指标汇总而成，见表 1.1。

表 1.1　　GNH 的 9 个领域和 33 个指标

	领　域	指标个数	指　标	权重
1	心理健康	4	生活满意度	33%
			积极情绪	17%
			消极情绪	17%
			灵性水平	33%
2	卫生健康	4	精神健康	30%
			自我报告的健康状况	10%
			健康天数	30%
			残疾	30%
3	时间利用	2	工作	50%
			睡眠	50%
4	教育	4	读写能力	30%
			教育水平	30%
			知识	20%
			价值观念	20%
5	文化多样性与适应力	4	母语	20%
			文化参与	30%
			工艺技能	30%
			行为	20%
6	良好治理	4	政府表现	10%
			基本权利	10%
			服务	40%
			政治参与	40%
7	社区活力	4	捐赠（时间和金钱）	30%
			社区关系	20%
			家庭	20%
			安全	30%
8	生态多样性与恢复力	4	生态问题	10%
			对环境的责任	10%
			农村野生动物破坏程度	40%
			城市化问题	40%

续表

	领　域	指标个数	指　标	权重
9	生活水平	3	资产	33.4%
			住房	33.3%
			家庭人均收入	33.3%
	合　计	33		

GNH 的 9 个领域的权重是相同的。这是因为《报告》认为其重要性是相等的，所以没有一个领域可以永久地排在比其他更重要的位置上；但在给定的时间点上，每一个都可能对某些人或某些机构特别重要。33 个指标的权重也大致相同，但主观指标和自我报告指标的权重较轻，而当某个领域混合了主观和客观指标时，预计更客观或更可靠的指标的权重相对较高。

3. 国内外幸福指数构建研究

进行国民幸福理论研究，建立国民幸福指数指标体系，科学地测算和发布国民幸福指数，衡量国民生活幸福水平，不仅是为了追踪和监测国民幸福感的变化情况，更重要的是体现出国家发展理念发生了根本性转变，为提高国民幸福感提供了政策工具和可操作手段。

各国政府与研究机构对国民幸福理论及幸福指数进行了一系列的研究。总的来说，国内外的国民幸福理论研究领域可以分为宏观国民幸福研究领域、以城市为单位的城市幸福研究领域和以微观个体为单位的微观幸福研究领域 3 个层面。宏观国民幸福研究中，国外研究以不丹的国民幸福总值（GNH）指标为典型代表，评价体系由经济增长、环境保护、文化发展、政府善治四大支柱组成；国内研究中，2005 年中国科学院提交《落实“以人为本”，核算“国民幸福指数”》提案，建议国家的国民幸福生活核算体系应该由政治自由、经济机会、社会机会、安全保障、文化价值观、环境保护六类构成要素共同组成。

在国内外专家学者的研究中，黎昕等建立了以经济状况、健康状况、家庭状况、职业状况、社会状况和环境条件为一级指标的幸福指数指标体系；刘国风等建立了以物质条件、社会条件、身心健康、自身因素为基础的幸福指数，对城镇国民幸福进行测度；姜海纳等以职业状况、经济基础、文化氛围、健康状况、社会状态为子系统建立指标体系，对国民指数进行综合测算；罗建文等构建的国民幸福指数评价指标体系包含客观指标和主观指标两部分，客观评价指标主要有工作、收入、生存环境、精神生活及身体状况，主观评价指标即对各方面的满意度，包括生活质量、情绪、人际交往、婚姻家庭和个人价值实现等。

1.2.2　幸福河的内涵要义

幸福河是新时期我国河流治理的新目标，而其中的“幸福”是指大多数人对河流的一种主观感受。以人为本是科学发展观的核心，也是马克思主义关于人的思想的本质体现。要定义幸福河的内涵，就要以人为本，厘清人与河的关系机理，探究河流令人感到幸福的因素，并从满足人民群众对幸福感的需要和追求的角度出发，赋予幸福河以人文主义内涵，让河流更好地为人类幸福感的提升而服务。

多数学者认为幸福河的研究对象不能仅仅是河流生态系统，而更要从人类社会与人水关系的角度入手，认为幸福河应同时包含河流的自然属性和社会属性，兼顾河流自身健康与人类福祉。如左其亭从人水和谐的基础出发，认为幸福河概念是一种不断变化的描述，是河流生态保护与人类经济社会对河流需求总体上的一种平衡，因此定义其为“造福人民的河流”，应保持河流安全流畅、生态系统健康、水资源供需平衡，在维护河流生态系统自然结构和功能稳定的基础上，实现人与河流和谐相处，满足人们的合理需求。判断幸福河的准则包括安全运行准则、持续供给准则、生态健康准则与和谐发展准则。陈茂山认为，从人类幸福的需要的角度，幸福河首先要满足人民群众对美好生活的向往，如供水可靠、防洪保障、景观优美、环境宜居等；对河流自身而言，幸福河也要保证河流自身的健康，维护河流天然结构完整，预防和控制水体污染，维护河流的生物多样性。唐克旺认为，幸福河之所以能给人民带来幸福感，其中蕴含两个方面内涵，一是人民对人水关系的满意程度，二是影响这种满意程度的外在因素。幸福河的建设必须以人与水之间的互动关系为依据，以完善水管理、水服务等为手段，以人对水的需要为导向。

2019 年时任水利部部长鄂竟平从水安全、水资源、水生态、水环境 4 个方面阐述了幸福河的内涵，中国水利水电科学研究院幸福河研究课题组在此基础上增加了水文化，即从水安全、水资源、水环境、水生态与水文化 5 个层次对河流的幸福提出具体的要求，将幸福河定义为安澜、富民、宜居、生态、文化之河的集合与统称，因此定义幸福河为能够维持河流自身健康、支撑流域经济社会高质量发展，体现人水和谐，让流域内人民具有安全感、获得感与满意度的河流。

王浩认为幸福河有 8 个愿景：一是长久的水安全保障，包括防洪安全、饮水安全；二是高效的水资源利用，包括流域内高效供给，流域外有序调水；三是宜居的水环境治理，包括地表水、地下水；四是健康的水生态保护，包括生物多样、结构和功能恢复；五是优美的水景观格局，包括城市和乡村水景观；六是现代水治理体系，包括天空地一体监测和智能水网；七是浓厚的水文化弘扬，包括历史文化保护和新时期文化传承；八是高质量的水经济发展，包括航运、渔业、旅游和经济结构转型。

目前对于幸福河概念与内涵尚未形成一个统一的、权威的定义，但幸福河研究的核心任务是明确的，即如何正确认识、评价与处理人与河的关系。

1.2.3 幸福河评价研究进展

水是生命的源泉，河流的流向影响着文明的运动。从人类起源开始，人类社会就与河流存在着紧密而复杂的联系。在对河流状况进行管理和评估时，必然要考虑到河流与人类的关系。党的十九大报告指出，目前，“我国经济已由高速增长阶段转向高质量发展阶段，我国社会主要矛盾已经转化为人民日益增长的美好生活需要和不平衡不充分的发展之间的矛盾”。现阶段河湖生态保护与社会发展的矛盾依然存在，河湖治理与保护仍面临着巨大压力。幸福河的提出立足于中国特色社会主义新时代，把黄河流域的生态保护与高质量发展提升到了国家战略的高度，是我国河湖治理的新导向、新要求，也是我国长期以来治水做法经验、理论技术的时代结晶。

目前，国内外学者对河流状态评价已进行了大量的研究，这些研究已为幸福河评价奠定了基础。研究热点集中于河流功能与水安全，更加关注防洪、供水、粮食、经济、生态、国家安全等方面的问题，较少讨论人对河流的主观感受，即人民是否能从河流中体验到“幸福”。

1.2.3.1 幸福河研究文献计量分析

以中国学术期刊全文数据库（中国知网，CNKI）为数据源，以主题或关键词“幸福河”为筛选条件，时间限定为 2017 年 1 月—2024 年 8 月，文献类型为学术期刊，筛选得到文献 332 篇。对得到的文献进行二次筛选，剔除采访访谈、新闻报道、调研报告、会议活动通知、读者反馈等非学术型文章，最终得到目标文献139篇。

使用中国知网与CiteSpace软件对所选139篇文献进行分析。根据中国知网数据，幸福河研究自2019年黄河流域生态保护和高质量发展座谈会之后开始出现。截至2024年8月，139篇文献总被引数1022次，篇均被引数7.35次。从文献来源上看，有34篇文献来源于《中国水利》，占比24.46%；10篇来源于《水利发展研究》，占比7.19%。根据关键词共线分析得出，幸福河研究的关键词排名前五位为幸福河、河（湖）长制、评价指标、人水和谐、黄河流域。说明现阶段幸福河研究侧重于评价指标体系的构建，研究重点仍是人水和谐，范围主要是黄河流域，河（湖）长制等制度保障也是建设幸福河湖的关注点。研究作者较为分散且总量少，尚未形成核心作者团队和明确的研究方向。

幸福河研究领域引用率最高的10篇文献见表1.2，其中大多数发表于2020年，有4篇来源于《中国水利》。10篇文献中被引频次最高91次，说明现阶段幸福河研究尚处于起步阶段。研究内容主要是针对幸福河热点的思考与延伸解读、评价体系，涉及探讨幸福河的概念及内涵的有5篇，涉及幸福河评价方法的有7篇。

表1.2　　幸福河研究领域引用率最高的10篇文献

序号	被引频次	论文名称	第一作者	文献来源	发表时间
1	91	幸福河的概念、内涵及判断准则	左其亭	人民黄河	2019年12月
2	73	关于“幸福河”内涵及评价指标体系的认识与思考	陈茂山	水利发展研究	2020年1月
3	59	幸福河评价体系及其应用	左其亭	水科学进展	2020年9月
4	51	关于建设幸福河湖的若干思考	谷树忠	中国水利	2020年3月
5	50	幸福河内涵要义及指标体系探析	中国水利水电科学研究院幸福河研究课题组	中国水利	2020年12月
6	43	基于需求层次论的幸福河评价	韩宇平	南水北调与水利科技	2020年4月
7	40	对“幸福河”概念及评价方法的思考	唐克旺	中国水利	2020年3月
8	24	基于BWM-CRITIC-TOPSIS的幸福河湖综合评价模型	朱洁	水利水电科技进展	2022年11月
9	23	基于ERG需求模型的幸福河综合评价	贡力	水资源保护	2021年4月
10	23	幸福河的文化内涵及其启示	李先明	中国水利	2020年6月

1.2.3.2 河流健康评价研究进展

在现有的传统河流状态评价研究中，基于河流健康的评价最为得到广泛认可。河流健康的概念既包含生态系统的自然属性，也包含人类系统的社会属性，确保河流的健康是幸福河建设的前提。

20 世纪 80 年代以来，全球经济社会的迅速发展给世界范围内的河流带来不同程度的破坏与威胁，欧美国家的河流管理者们开展了河流保护行动，开始对河流的价值有一个更加全面的理解。在此背景下，20 世纪 90 年代中期河流健康的概念被提出，一些学者探讨了河流健康的含义，并探索了河流健康评价的体系和方法。

类比人类健康，许多学者对河流健康的概念给出了不同的定义与解释。Karr 提出生态系统的完整性与健康有着根本的不同，将健康概念应用于河流是科学原则、法律授权和不断变化的社会价值观的逻辑产物，并用生物监测和多尺度生物指数测量河流健康状况。Rapport 阐述了国际生态系统健康学会（ISEH）对生态系统健康的探索，即包括生态系统的自我维持与更新的能力，以及满足人类合理需要的能力。Fairweather 认为对河流健康的理想干预措施因人类希望河流的用途及关注河流健康的原因而有所不同，对河流健康指标的确定应包含公众参与。Meyer 认为健康河流是一个可持续、有弹性的生态系统，既要维持其生态结构与功能，又要继续满足社会需求和期望。对河流健康概念的解读必须考虑作为河流-社会连接点的人类行为和社会制度。大多数研究都认为，河流健康要统一生态价值与人类服务价值，河流健康管理目标的设定不但要考虑河流的生态完整性，还要以社会期望为基础。2004 年，黄河水利委员会提出了以维持黄河健康生命为终极目标的治水新构想，在堤防安全、河道流量、污染标准及河床高度 4 个方面规定了实现该终极目标的方向。2005 年，长江水利委员会确立了维护健康长江，促进人水和谐的宗旨，确立了健康长江的内涵要义和首要任务。

河流健康状况评价的方法学不断发展，形成了一系列各具特色的评价方法，就评价原理而言，现有河流健康评价方法主要有预测模型法、生物指示法和多指标评价法三种。多年来河流健康评价已在国际上普遍开展，其中以美国、英国、澳大利亚、南非的评价实践较具代表性，例如英国的河流无脊椎动物预测和分类系统（RIVPACS）、澳大利亚的河流评价计划（AUSRIVAS）等，都是在监测河流大型无脊椎动物生物多样性及其功能基础上构建的河流健康状况评价模型。此外，英国开展了河流生态环境调查（RHS），通过调查背景信息、河道数据、沉积物特征、植被类型等指标来评价河流生境的自然特征和质量；澳大利亚采用河流水文学、形态特征、河岸带状况、水质及水生生物五方面指标开展了溪流状态指数（ISC）研究。美国环境保护署提出了快速生物监测协议（RBPs），旨在为水质管理提供基础水生生物数据。南非发起河流健康计划（RHP），该计划选用河流无脊椎动物、鱼类、河岸植被、生境完整性、水质、水文等河流生境状况作为河流健康的评价指标，提供了可广泛用于河流生物监测的框架。

在国内研究中应用广泛的是多指标评价相关研究，多数研究认为河流健康状况从水质、水量、水生生物、河流形态结构与河岸带5个方面进行表征。在此基础上，综合考虑各流域与区域的特征。蔡其华建立的健康长江评价指标体系增加了蓄泄能力和社会服务功能；林木隆建立的珠江评价体系增加了服务功能和监测水平；李文君建立的海河评价体系则强调了连通性指数、防洪标准指数；邓晓军针对城市河流，在河流的自然属性与社会属性之外补充了景观环境。2020年水利部印发《河湖健康评价指南（试行）》（第43号），构建了以盆、水（水量、水质）、生物和社会服务功能为准则的河流健康评价指标体系，分别考查河湖形态结构完整性、水生态完整性与抗扰动弹性、生物多样性和社会服务功能可持续性。

1.2.3.3 人水和谐评价研究进展

21世纪以后，我国进入人水和谐管理阶段，人水和谐已逐步成为我国新时期水资源治理与开发利用的主导思想和核心内容。因此，对于幸福河的研究也应基于人水和谐相关研究之上。

国内外学者在不同尺度对人水和谐进行了相关研究工作，但人水和谐内涵目前尚未形成统一的定义。Vörösmarty等从全球水系统尺度，解析了人类活动对水系统的作用机理和影响过程，认为人类正在更广泛的领域以直接或间接的方式迅速干预水循环的基本特征。Simmons等探讨了与水共存的概念，认为人和水是人类经济系统与地球水文系统两个自然循环的交集，人类行为是水文系统中最不确定之处。Falkenmark等基于水和生态系统之间的联系，分析了水与自然、人类社会的关系，提出了人水一体化水资源管理的理论框架。

Lautze分析了人口增加和人类活动加剧对水系统的影响，指出需要通过宏观调控，才能缓解人类活动导致的人水关系紧张情况，保持人类系统与水系统的和谐相处。

自人水和谐成为2004年中国水周的活动主题以来，学术界对人水和谐观念进行了积极的探讨和实践，已逐步形成了构建人水和谐关系的思想。钱正英提出人与河流和谐发展理念，认为正确处理人与水的关系，应建立在对河流的自然功能与发展规律的认识与理解之上。汪恕诚则确立了人与自然的和谐共处作为现代水利的核心理念。左其亭提出人水和谐是人文系统与水系统相互协调的良性循环状态。国内研究普遍认为，人水和谐是人文系统与水系统在漫长的发展演变中彼此影响、相互适应，形成相互协调的良性循环状态，从而共同推动人水复合系统的整体协调发展。

在人水和谐评价的量化方法上，左其亭按照水系统健康、人文系统发展、人文系统和水系统的协调三大量化准则，构建了健康-发展-协调指标体系，将多指标综合集成来表征人水和谐度。康艳将集对分析理论与可变模糊集理论相结合，构建集对分析可变模糊集模型，动态评价人水复合系统的不确定性；基于合作博弈理论建立距离协调度模型评价水系统与人类系统的协调度，弥补了传统评价模型过于宏观且单一的不足。Ding的人水和谐指数方法则采用了来自发展、协调和满意度3个维度的27项指标，提供了一种基于系统思维、引入主观指标调查以及分离评价人水系统发展和协调程度的共同语言。

1.2.3.4 幸福河评价体系与方法研究进展

河流管理发展与经济社会发展密切相关，现阶段人们对美好生活的需求也体现在对河流的评价、保护与管理中。随着幸福河概念的提出，相关专家学者相继提出了幸福河评价体系与方法，从研究角度来讲，绝大多数是以需求层次论为理念，以探索幸福河满足人类不同层次阶段需求的功能。

需求层次论的主要依据是西方社会学家马斯洛的需求层次理论模型，把人类需求划分为阶梯式上升的5个层次，从低级到高级分别为生理需求、安全需求、归属需求、尊重需求和自我实现需求。常见的评价方法有模糊综合评价法、云模型、粒子群优化投影寻踪法。这几种方法都各自存在其局限性：模糊综合评价法计算繁杂且易产生信息丢失；云模型可区分幸福河建设级别，但对级别隶属度不明确，评估结果不直观；粒子群优化投影寻踪法要求提供准确的指标实测值，而判别指标增加时模型最优化问题还没有得到解决。

在对标需求层次理论的幸福河评价体系研究中，各学者划分层次的方式有所差异。陈茂山将社交、尊重、自我实现需求合并为一个需求层次，与生理需求、安全需求并列形成 3 个层次。唐克旺则将生理、安全、归属需求划分为基本需求，尊重和自我实现需求划分为发展需求。韩宇平在上述基本需求与发展需求的基础上又增加了和谐需求，并分别从河流的角度和人的角度概括了这 3 类需求的指标。

幸福河评价需求层次框架见表 1.3。

表 1.3　　幸福河评价需求层次框架

作者	评价体系	
	需求层次	需求指标
陈茂山	生理需求	优质可靠的供水
	安全需求	防洪保障
	社交、尊重、自我实现需求	优美水景观、宜居水环境、丰富水文化、公众参与水治理等
唐克旺	基本需求	水旱灾害防御、水环境质量、生活用水保障
	发展需求	生产用水保障、水生态及审美、涉水娱乐需求
韩宇平	基本需求	河流角度：河流完整性、连续性 人类社会角度：供水安全、一定防洪标准、水体环境较好
	发展需求	河流角度：河道生态流量适宜、水质良好、河流生物栖息地功能较好 人类社会角度：经济社会持续发展、清洁供水可靠、水环境良好
	和谐需求	河流角度：水质优良、生物多样性丰富、景观优美 人类社会角度：人类发展指数持续增加、水文化和水景观丰富、公众积极参与

也有学者已列出了幸福河评价体系的细化指标，以幸福河指数、幸福河等级指数或河湖幸福指数为目标，构建具体的指标体系来衡量河流的幸福度。左其亭建立目标-准则-指标层级关系框架，提出安全运行、持续供给、生态健康、和谐发展四大判断准则，在此基础上筛选出幸福河评价的 50 个指标来计算幸福河指数，并以黄河为例开展了该指标体系的实例应用。中国水利水电科学研究院幸福河研究课题组构建了由水安全、水资源、水环境、水生态、水文化五维

指标定量评价的河湖幸福指数，5个一级指标又细化为20项二级指标、24项三级指标，对中国10个水资源一级分区、世界15条主要河流进行了评估。贡力基于生存—关系—成长（existence relatedness growth，ERG）理论，从生存需求、生态需求和发展需求3个层级建立幸福河评价的ERG需求模型，结合水域安全运行、安全供给、持续供给、生态环境、节水监管以及河流文化发展、水域产业经济、人水和谐发展，具体的幸福河指标包括23个核心指标和27个可选指标。现有研究建立的幸福河评价指标体系见表1.4。

表1.4 现有研究建立的幸福河评价指标体系

作者	评价体系			
	准则层	指标层	指标项数	指标标准值
左其亭	安全运行指数	河岸河床安全稳定程度、河道连通阻隔程度等	11	优/较优/及格/较差/差
	持续供给指数	产水模数、人均水资源利用量等	10	
	生态健康指数	污染负荷排放指数、水功能区水质达标率等	15	
	和谐发展指数	公共供水管网漏损率、生活节水器具普及率等	14	
中国水利水电科学研究院幸福河研究课题组	安澜之河	洪涝灾害人员死亡率、洪涝灾害经济损失率等	4	很幸福/幸福/一般幸福/不幸福
	富民之河	人均水资源占有量、用水保证率等	4	
	宜居之河	河湖水质指数、地表水集中式饮用水水源地合格率等	4	
	生态之河	重要河湖生态流量达标率、河湖主要自然生境保留率等	4	
	文化之河	历史水文化保护传承指数、现代水文化创造创新指数等	4	
贡力	水域安全运行	河岸河床安全稳定程度、干旱指数等	7	幸福/幸福指数较高/幸福指数较低/幸福指数低/不幸福
	水域安全供给	自来水普及率、供水安全系数等	8	
	水域持续供给	产水模数、水资源开发利用率等	7	
	水域生态环境	河流生态基流满足程度、水土流失治理程度等	12	
	水域节水监管	水资源监控能力指数、水生态文明建设重视度等	4	
	河流文化发展	水文化传承载体数量、水生态文明建设公众认知度等	2	
	水域产业经济	渔业产值结构，河流绿色生态产业占GDP之比等	2	
	人水和谐发展	人水和谐度、公众对河流幸福满意度等	8	

1.2.4　全国幸福河湖建设工作进展

除上述专家学者的研究之外，近些年全国各地都陆续开展了幸福河湖评价的实践工作。

2021年7月，中国水利水电科学研究院幸福河研究课题组构建了一整套河湖幸福指标体系，建立了测算方法，首先对中国境内的主要江河湖泊进行了评估，形成并发布《中国河湖幸福指数报告（2020）》，重点阐释了幸福河的概念内涵、定量表征指标体系、测算理论方法以及初步测算成果。在对中国江河湖泊研究基础上，课题组又选取全球15条代表性河流进行了幸福指数评估，在2022年3月22日发布《世界河流幸福指数报告（2021）》，这是首次在全球范围内进行河流幸福指数测算和定量评估，在幸福河研究和实践工作中作出了不可忽视的开创性和突破性工作。

为尽快完善幸福河湖建设成效评估指标体系的要求，水利部河湖管理司于2023年4月赴河北、黑龙江、浙江、福建、湖南、四川、甘肃等7省开展调研。调研过程中发现各地基本上从水安全、水生态、水环境、水文化、水管理、水产业等6个维度认识幸福河的内涵要义，但认识的深度、系统性、科学性存在较大差异。浙江省对幸福河湖的定义是在保障防洪安全、生态健康的同时，充分挖掘改善环境、休闲娱乐、提升区域发展潜力的作用，不断满足新时代人民群众对美好生活多元化需求的河湖；幸福河湖是河湖治理向防洪更安全、生态更健康、环境更宜居、管护更智慧、产业更富民阶段演进的标志性成果，具备安全、健康、宜居、智慧、富民等特征。黑龙江省将“龙江幸福河湖”的概念，概括为6个主题（安澜、质效、健康、宜居、智慧、富民之河）、6个维度（安全感＋生机感＋美好感＋归属感＋和谐感＋获得感＝幸福感）、六大愿景（江河安澜、人民安居，集约利用、取水安全，鱼翔浅底、万物共生，水清岸绿、宜居宜赏，智慧高效、多跨协同，兴业富民、精神家园）。福建省幸福河湖建设内涵包括“安全、健康、生态、美丽、和谐”5个方面。河北省幸福河建设将“河安湖晏、水清鱼跃、岸绿景美、宜居宜业”作为总目标，包括筑牢安全防线、管控河湖空间、保护河湖水体、复苏河湖生态、传承河湖文化、提升管护能力、促进绿色发展等7个方面的任务。

河北、甘肃、福建、湖南等省份全面启动了幸福河湖建设，各自制定了地方标准、评价办法与建设指南，创建省级试点，开展了省内幸福河湖评价。浙江省、黑龙江省计划推进幸福河湖建设。各地根据对幸福河湖的理解，立足本地实际，制定或起草了幸福河湖评价、认定指标体系，但差异较大。

从准则层来看，尽管采用的表述不同，但大部分都包括防洪保安全、优质水资源、健康水生态、宜居水环境、先进水文化，即大多以中国水利水电科学研究院幸福河研究课题组的成果为基础。从指标数量看，各省差异较大。浙江省设置了12项基础类指标与4项示范类指标，福建省设置有19项指标，河北省设置25项指标，湖南省设置21项骨干河道指标、14项一般河道指标，黑龙江省设置35项指标，甘肃省设置45项指标。从具体指标看，主要来源于《中国河湖幸福指数报告（2020）》《河湖健康评价指南（试行）》（第43号）、《河湖健康评估技术导则》（SL 793—2020）、《示范河湖建设验收导则（试行）》等。

2023年7月，水利部河长办印发《幸福河湖建设成效评估工作方案（试行）》，采用幸福河湖建设成效评估指标体系（试行）开展评估。指标体系包括通用指标和差异化指标两种类型，分别从7个准则层、15项指标层对幸福河湖建设成效进行评估，并规定了各指标内涵、计算方法及计分方式。

1.2.5　现状评价存在的问题

水或者河流都是幸福客体，是自然环境中的一个重要部分，其不仅涉及陆地水生生物繁衍生息以及生态稳态等问题，而且还直接影响着人类漫长历史传统所塑造的有关河流与人类及社会休戚的精神信仰、心灵形象以及象征意义。

从河流健康到人水和谐再到幸福河，河流健康是基础。不满足健康这个先决条件，一条河就绝无可能成为幸福河。人水和谐反映治水的成效，是水生态文明的目标、实现幸福河湖的必由之路；幸福河是现阶段最终目标，是坚持以人为本、满足人民群众对美好河流愿景的期待和向往的河流。幸福河建设是中国新时期提出的河流开发与治理的新目标，是当前的研究热点。

对全国幸福河湖建设工作进展的调研结果显示，各地幸福河评价工作进展中存在的问题有：①智慧、法治准则层，属于管理手段与支撑，是幸福河建设的措施和日常工作，与幸福无直接关系；②健康准则层定位于生态，保留水文、水质、形态、生物指标，不应包含社会服务功能指标；③针对公众满意度等偏向主观的指标，因目前对调查对象、调查数量、调查问卷没有统一规范的要求，导致结果不具可比性。

目前在对幸福的现有研究中，与河流相关的幸福指标研究较少，人的幸福与河流的内在机理关系尚未得到详细的研究。“以人为本”和“以人民为中心”的理念体现不足，无法表征幸福河评价与传统的河流健康评价、人水和谐评价的本质区别。虽然现有河流评价基本上都考虑到了人类的因素，但更多的是基于经济和社会的角度，对人类的心理认同及感受等方面研究不够深入。且在评价经济社会层面幸福程度时，基本都属于静态评估，无法体现河流的动态变化对经济的直接影响。

1.3　研究目标与内容

本书通过对幸福的内涵及其影响因素的分析，从影响人类幸福的机理出发，构建幸福河的具体内涵，提出影响河流幸福指数的指标体系，研究幸福河的评价思路和技术方法，并以黄河支流汾河流域为研究区进行验证与完善。

本书在人类幸福的视角下对我国河流评价理论与方法展开深入研究，具体研究内容如下：

（1）探索幸福河理论基础。基于幸福理论、马克思幸福论思想，揭示人类幸福视角下河流健康与安全评价的总体发展态势，研究历史过程中及当前新时期河流影响人类幸福的因素及其演变趋势，探究河流与人的内在机理关系。

（2）研究河流幸福度评价体系的构建。厘清人类幸福各个维度的概念、内涵以及各维度之间的逻辑关系，建立幸福河评价的概念框架，构建检验河流对人类幸福度影响的数理模型。根据每一个维度的定义及要点，选择合适的代表性指标，构建幸福河的评价指标体系，该指标体系应涵盖影响人类幸福的各个维度一级指标以及下属二级指标。

（3）选取典型区域进行案例研究与验证。以汾河流域为研究区，基于已建立的评价体系开展实例应用，以验证评价体系的可靠性。基于构建的河流幸福度评价指标体系，通过设定指标值完成指标得分转化，利用层次分析法赋权，综合评价汾河现状总体幸福度，为进一步提高汾河的幸福度提出可行的、有针对性的政策建议。

(4) 调水政策模拟的一般均衡动态模型构建研究。通过建立山西省水资源投入产出模型，重新核算水资源价值量，构建水源替代模块，在拟定基准情景的基础上，采用该模型对外调水量变化进行分析，对当地用水效率、用水效益及用水结构进行计算，研究仅由外调水量调整所造成的经济影响以及用水量变化，基于投入产出模型对该流域调水的经济作用进行量化，研究引黄入汾调水工程对流域经济的支撑潜力。

(5) 以现代幸福感研究理论和体系为基础，为科学评价汾河流域公众对河流的主观幸福度，设计公众调查量表和调查问卷，组织社会调查，广泛征求社会公众意见。基于社会调查问卷结果，评估汾河流域公众对河流的主观幸福程度，为政府和相关管理部门更加详细地了解河流影响公众幸福的影响因素提供参考，为幸福汾河的管理和建设决策提供科学依据。

1.4 技术路线

根据研究目标与内容，本书对幸福河评价理论和方法中存在的问题作了初步的探讨，具体研究内容由 7 个章节组成。第 1 章阐述了研究背景和研究意义，探讨了幸福及幸福河的内涵要义，介绍了幸福河评价的进展及其存在的问题，综述了国内外河流健康、人水和谐评价的研究进展和现存不足，确立了本书的研究目标与内容。第 2 章讨论了幸福河基础理论体系，包含河流系统的水资源学理论与人类幸福的社会学理论两个部分，提出了幸福河理论体系框架。第 3 章构建了幸福河评价指标体系，选取了具体评价指标，确定了各指标权重、评价方法以及评价标准。第 4 章以山西省汾河流域为研究区域，研究了其自然概况、社会经济概况与水资源开发利用现状。第 5 章基于已构建的评价指标体系，具体从河流健康、经济保障、社会安全、休闲活动与情感认同 5 个需求层次分别对汾河流域分项幸福度指标进行了计算与评价。第 6 章对汾河流域整体幸福度进行了综合评价分析，找出了影响汾河流域幸福指数的因素，提出了有助于提高汾河流域河流幸福度的政策建议。第 7 章总结了本书的研究结论和成果，提出了本研究的创新点，并对下一步相关研究工作进行了展望。

幸福河评价理论与方法研究技术路线图如图 1.1 所示。

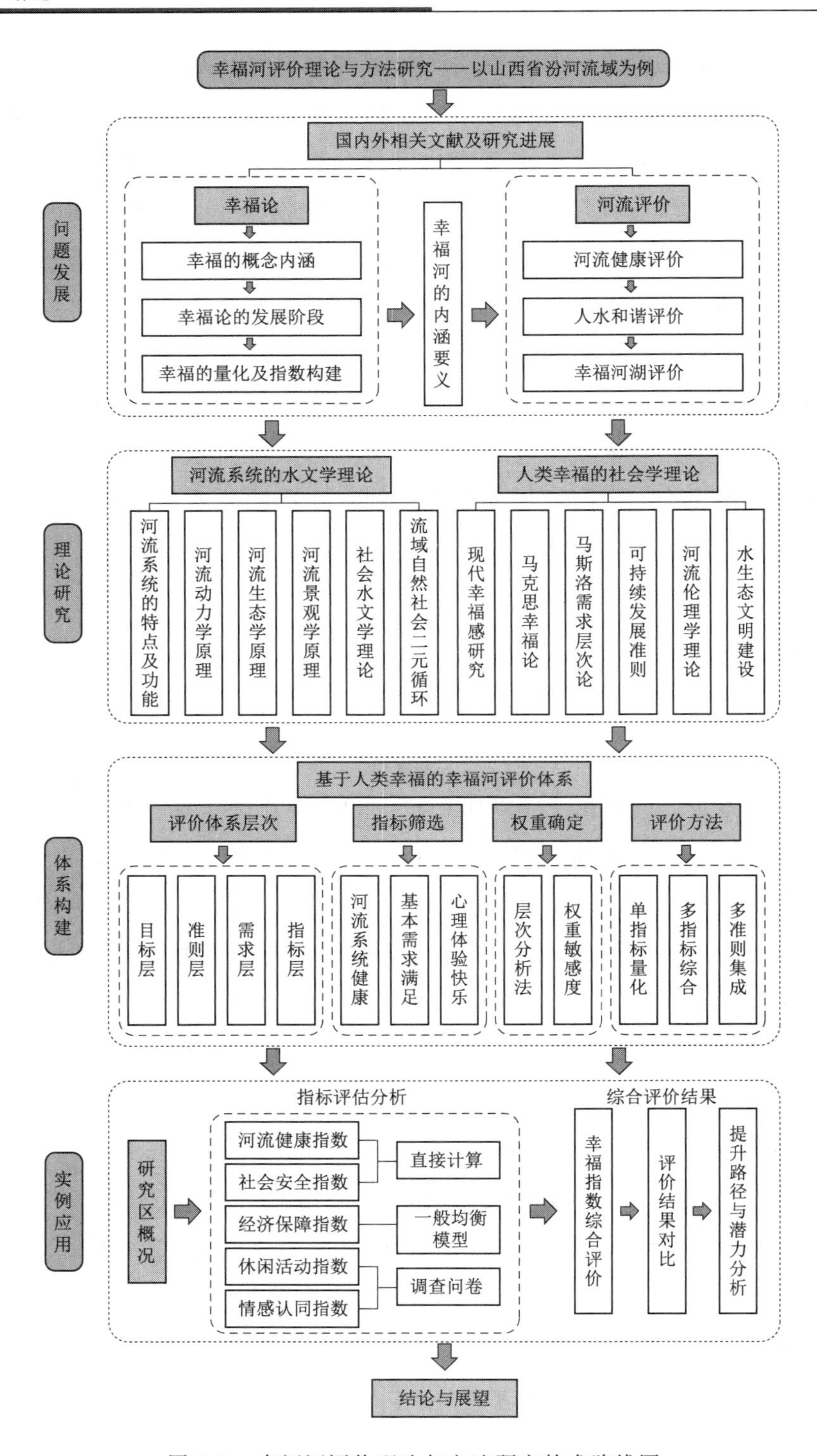

图 1.1　幸福河评价理论与方法研究技术路线图

第2章 幸福河基础理论体系研究

河流的治理与评价一直是水资源开发利用的一个关键问题。目前，国内外学者对河流的治理与评价已进行了大量的研究，这些研究热点集中于河流功能与水安全，更加关注防洪、供水、粮食、经济、生态、国家安全等方面的问题。幸福河的提出对我国当前时期的河流评价与管理提出了更高、更系统的要求。但由于幸福河评价不仅涉及与河流有关的生态与环境方面，而且与经济、社会等方面也有着密切的联系，是一个复杂的系统科学问题。如何在河流自身健康的前提下处理好人与河流的关系，实现人类对幸福的要求，是幸福河评价与管理的核心问题，这不仅需要从自然科学和技术方面研究河流，还要从哲学和社会科学方面进行研究，把重塑人与河流的关系的问题上升到伦理层面来认识。因此，本研究根据幸福河评价的基本原理和主要研究内容，对应提出 2 个基本理论，即河流系统理论和人类幸福感的社会学理论。

2.1 河流系统理论

2.1.1 河流系统的特点及功能

河流系统具备其独有的特点，决定了其具备独特的功能。

2.1.1.1 河流系统的特点

河流系统是一个复杂的多功能系统，是一个动态、开放、连续的整体。河流、湿地、湖泊及其邻近的土地共同构成河流系统，包括由不同级别大小不一的干支流组成的水网和水系。河流系统结构主要由水流、悬浮物和边界三部分组成，其中基本水量的流动是河流系统的必要条件，悬浮物包括泥沙、生物等，边界包括河床、河漫滩、河岸堤防等。河流系统具有以下主要特点：

（1）整体性。作为一个系统整体，河流系统的自然结构、生态环境和经济社会等各部分相互耦合，其中，河岸带、河床、水体构成了河流系统的自然结构；生物群落构成了河流系统的生态结构；历史和文化构成了河流系统的文化结构。各子系统之间不是孤立的，而是相互关联、相互制约的。河流局部的破坏或河流某一子系统过程变动都会波及河流系统整体。

（2）动态性。河流是一个动态系统，存在周期性及非周期性的波动，短期内水文条件的年周期变化导致河流水位波动，长期内气候、水文条件以及地貌特征的变化会导致河流生态系统的演替。人类活动对河流的干扰也会对系统产生河流水文、生物种群及地貌特征的改变。

（3）开放性。河流水体的不断流动使得河流系统可以与外界进行持续的物质能量交换与信息传递，同时通过系统内各组分之间的协同作用完成系统的自我组织、自我协调。

（4）连续性。按照河流连续体理论，从河源到上游、下游，河流系统内的宽度、深度、流速、流量、水温等物理化学变量具有连续变化的特征，生物群落的能量耗散模式与物化变量保持一致，其结构和功能会随着动态的能量耗散模式做出实时调整。因此，河流在空间结构、生物组成和时间尺度上是一个连续的整体。

（5）利害两重性。河道河床作为水的载体，使得河流储存有巨大的能量，这是河流系统不同于其他生态系统的显著特征之一。生产生活中，若河流能量利用得当，可使之造福人民；若处理不当或过度开发利用，则可能为人类带来洪涝等灾害。

2.1.1.2　河流系统的功能

系统各要素之间的全部活动关系的总体称为系统的功能，是各要素在相互作用中产生的效能总体，是系统本身所具有的能力。河流系统的功能，主要是指河流系统对人类的生存和发展所能发挥的作用，是河流系统自身与人类活动相互影响的动态表现。

对于河流系统功能的研究，杨文慧将河流系统功能划分为生态环境功能和社会服务功能，进一步划分生态环境功能为生态和环境功能，社会服务功能则包括防洪、资源开发利用和景观功能。李恩宽将河流系统的功能分为正向功能和负向功能两大类，其中生态环境功能、服务功能、文化娱乐功能等属于正向功能；负向功能即灾害性。胡春宏在自然功能、服务功能、人文景观功能外增加了灾害性能，认为自然功能总体上就是环境功能，例如水文、地质和生态功能等；服务功能包括提供水源和能源、运输功能等；人文景观功能即供人类观赏和旅游，灾害性能包括洪水决溢、洪涝和泥沙淤积等。栾建国根据功能作用性质的差异，划分河流系统服务功能的类型为淡水供应、水能提供、物质生产、维持生物多样性、环境净化、灾害调节、休闲娱乐和文化孕育等。一种较为合理的划分方式是认为河流功能是河流自然属性、生态属性和社会属性的效用体现，因此可将河流功能划分为自然功能、生态环境功能和社会服务功能，自然功能和生态环境功能是社会服务功能的基础，三种功能之间相互依存、相互影响和制约，如果河流的自然功能或生态环境功能受到威胁和损害，河流也不可能很好地发挥其社会服务作用。所以应协调三者之间的关系，实现河流的合理有序开发利用。这种划分方式能够较好地描述目前河流所具备的功能。河流系统功能及其特点见表2.1。

表2.1　河流系统功能及其特点

功能类别	主要表现	河流系统功能	特　点
自然功能	水文特征、河流形态结构、河岸带状况	物质输送功能、能量传递转换功能、河床塑造功能等	与人类的存在与否无关的基本功能
生态环境功能	生物多样性、植被状态、水质状况	水质净化功能、生物栖息地功能、生态支持功能等	
社会服务功能	河流系统为人类提供各种社会服务	灾害调节功能、淡水供应功能、水能提供功能、物质生产功能、景观娱乐功能、文化教育功能等	人类在利用河流自然与生态环境功能时所赋予河流的功能

河流在自然界的演变和发展中发挥出许多功能和作用，归结为河流的自然功能，是地球环境系统不可或缺的组成部分，也是形成和支持地球上许多生态系统的重要因素。在无人为干扰的条件下，随着水循环的持续进行，水流通过其自身的动力完成物质运输和能量传递过程，河道内污染物含量和浓度借助水体的自净作用逐渐降低，河床形态则为河道内生物物种提供了适宜的栖息地。由此可见，河流的河床塑造、水质净化和生物栖息地等功能是在河流进行物质循环和能量流动过程中发挥的作用，这些功能不依赖人类的存在，不以人类存在与否为转移，因而划分为河流的自然生态环境功能。河流的自然生态环境功

能是反映其生机和活力的一个主要指标。

伴随着人类活动的不断增加，人对自然界的利用和改造的能力不断增强，人们不仅开始充分利用河流的自然功能，同时也赋予了河流更多的功能。河流在人类文明进程与社会不断发展中发挥出更多功能和作用，即河流的社会服务功能。主要表现在为人类提供各种社会服务，主要有灾害调节、淡水供应、水能提供、物质生产、景观娱乐、文化教育等。河流的社会功能是河流对人类社会经济系统支撑能力的体现。

总的来说，河流系统功能可归类为自然生态环境功能与社会服务功能两大类。其中自然生态环境功能集中体现河流系统的自然生态属性，社会服务功能则体现河流系统对人类的社会服务属性。

2.1.2　河流生态学原理

河流系统具备自然生态环境功能，体现河流系统的生态属性，是建立在生态学原理基础上的。

“生态学”（ecology）是研究包括人类在内的生物与环境之间关系的一门科学。生态学基本原理包括生物与环境相互作用协同进化、物种之间相互制约协调发展、生态系统内部物质和能量循环原理，即生态学关注的基本问题为环境如何塑造生物，生物如何适应环境，以及生物对环境具有怎样的改造作用等问题。

循环性、平衡性与多样性是生态学的三大重要观念。

（1）循环性。生态系统的整体性，是由各个子系统所组成的循环性关系所决定的。自然生态系统的物质和能量沿着食物链进行流动和循环，各生态系统通过食物链相互联系在一起。

（2）平衡性。生物之间的食物链关系、金字塔结构和循环体系处于一种动态的平衡状态，一旦这种平衡被破坏，就会对整个生态系统造成破坏。

（3）多样性。生态系统中存在着复杂而又精细的联系，其中某一环节的缺陷都可能引起不可预知的生态结果，因而生态学十分重视对生物多样性的保护。物种多样性的损失，将对生态环境的稳定性构成直接的威胁。

近几十年来，在河流生态学中各种理论层出不穷，河流连续体概念、洪水脉冲理论、自然水流情势理论等理论相继提出，河流生态学从过去单纯关注天然河流，向关注自然因素与人为因素共同影响下河流生态系统演化规律的方向发展。这一转变为河流生态系统保护和修复提供了理论支撑，为河流治理提供了新的思路。

2.1.3 河流景观学原理

河流塑造了河流景观，河流景观决定了河流的归宿。20 世纪 70 年代河流景观（Riverscape）术语首次出现，描述了河流的物理、生物和美学特性。

河流景观是由河漫滩、深槽、浅滩、滩涂和河岸线所组成的完整的河流地貌。与陆地景观相比，河流景观以水作为介质，为生态系统施加了强烈而富有变化性的力量，使河流水文形式变化具有很强的动态性；而这种水流动态性又增强了河流景观的连通性。这种动态性和连通性塑造出河流景观异质性时空格局，形成一个相对开放的生态系统，其自身反馈和外界影响相互联系。从广义上讲，河流景观是指城市河岸水域及其相邻的特定地域的统称。城市河流是重要的自然景观资源，是城市景观系统的一部分。城市河流除了具有防洪、通航、排涝等自然功能外，还具有旅游、居民休闲、城市美化等文化功能，承载着其周围地区的自然和人文要素。

在景观生态学中，与河流联系密切的河岸带、洪泛区、支流，包括两岸植物群落以及内部的河流网络，统称作河流廊道。河流廊道具有重要的生态功能意义。同时，自然岸线、湿地等景观生态区是城市的重要资源，生态脆弱区的典型区域和典型群落对促进生物多样性与生态景观的形成也有着独特的作用。

滨河区是一个景观优美、人流密集的区域，可通过设置水上乐园、健身公园和跑道等多种形式，满足不同居民活动和休闲需求，构建人与自然和谐共存的滨河公共绿地。好的滨河景观能够带动周边土地的开发建设，从而推动整个城市的经济发展，给城市带来新的生机和发展。现代景观环境规划已将艺术性作为最高的追求，设计考虑视觉景观形象、环境生态绿化、大众行为心理，因而不仅需要从安全性、经济性、生态性的角度，更应从观赏性、亲水性、文化性等方面研究城市河流景观的综合效果。

2.1.4 河流价值理论

河流功能是指河流发生的作用，河流的价值则是人对河流做出的认知、理解、判断。河流的存在对于人类文明的演进和社会的发展具有不可替代的决定性作用，因此河流具有价值的事实是毋庸置疑的。

“价值”起初是一个经济学概念，英国古典经济学家大卫·李嘉图（David Ricardo）认为，纯粹自然物没有价值，只有精神的创造才有价值。经济学上的这一“价值”概念更加接近于“效用”，实际上反映的只是存在的外在价值或称工具性价值、功能性价值，而没有反映物品存在自身所拥有的能够区别于其他存在的内在属性。根据这一理论，河流作为自然存在物，自然是没有价值可言。这种观点的出发点是狭隘的人类中心主义，即只有人才是价值的根源。当代学者批判了这一对价值的偏狭定义，重新定义价值为某物的存在对于其自身、其所处环境以及对人类的意义。

事实上，河流的价值不仅仅表现为对人类的贡献。作为水的载体，河流在整个流域生态环境中发挥着重要作用，地貌的变化、气候的变迁、物种的演化都与河流有着不可分割的联系。此外，河流自身还是一个自组织和自维持系统，通过与地质地貌的协同，不断改变自身的形态与结构，以适应地质环境。因此，河流所展现的价值是多重的，分为外在价值和内在价值。河流的外在价值所表现的是河流对人类的有用性，即作为人类可以利用的对象和资源，河流对人类生存与发展的支撑作用，以及作为淡水生态系统，河流为其他生物生存和繁育提供的支持作用；河流的内在价值则是以河流自身为评价尺度，其所表征的是河流存在和健康对自身的价值。因此，理解河流的价值需要在两个层面进行分析：一是在人和社会的层面；二是在生命和自然界的层面。只有从这两个层面认识来理解才能真实地把握河流的价值。

如前所述，河流具有自我净化、自我修复、自我调节等特征，使其在维持自身存在的同时也维持了水环境平衡。由此出发，认为河流首先具有自然价值，即它的存在价值或者说内在价值。这一价值由两部分组成：一是维持其自身存在的内在目的性价值；二是河流作为自然界的一部分，维持整体的存在，完成自然界水循环及其他自然功能所具有的价值，即它的生态价值。

（1）自然价值。河流的自然价值是客观的、不受人类影响的价值，仅仅是人类认识的对象，即使没有人类存在，河流的自然价值仍然是存在的。

（2）工具价值。河流的工具价值主要是指河流生态系统服务于人类经济活动的价值，例如灌溉、发电、渔业、饮用、交通运输等，这部分价值是河流自然价值的引申，主要目的是满足人类的某种需要。

（3）历史文化精神和审美价值。河流是文明发源地，从世界范围来看，四大文明都发源于河流；从我国历史来看，半坡文化、马家窑文化、大汶口文化、龙山文化和仰韶文化无一不起源于河流。河流是人类历史与文明的基石，创造了并塑造着历史和文化。因此，古代文明又称大河文明，这是河流对人类最大意义上的价值。

（4）审美价值。从人类生存的需要层次上看，没有任何功利性的审美的产生，是人类精神自由的最高表现。河流很早就成为人类的审美对象，河流自然遗产财富是几千年人类哲学思维和文学艺术灵感的源泉，很多神话传说、诗歌、雕刻、绘画都是围绕河流展开的，各国建筑、景观等也都与水息息相关。这正是河流审美价值的表现。

2.1.5 河流生命理论

当代，“生命”的概念是一个具有广泛性、层级性和家族类似性的新观念，只要具备从存在到消失的历程，不论是由自我发展所导致，或是由外力影响所造成，均可视为有某种意义上的生命。河流不是生物学上的生命实体，但其类似生命的某些特征，能够存在，也能消失，因此可以认为河流是具有生命的。

2.1.5.1 河流的自然生命

如前所述，河流有自我净化、自我修复、自我调节、自我平衡等特征，是一个自我完善的部分，在保持自我持存的同时也成为维持生态环境整体的一部分。

对应河流的自然价值，河流的自然生命即为河流生态系统的属性和特征，表现为河流必须具有健康的生命形态，其本质即为保持足够的水量和基本的水质。一条生命力旺盛的河流不仅能维持不断的正常水量、良好的水质和协调的水沙关系，且具备对外界干预或损害的自我修复与适应能力。而河水枯竭、河道干涸、严重污染的河流意味着其消亡，是病态乃至死亡的河流。河流倾向于维持自身存在的特点是其内在目的，“维持河流健康生命”就是一个具有重要意义的口号，代表人类对河流自然生命作出的本体论承诺。

2.1.5.2 河流的文化生命

“文化”是一个与“自然”相对立的概念，河流文化以河流流经地区为地域界限，具有共同的趋向性和认同感，包含流域内创造的生活方式、精神价值等物质和精神财富。作家张真宇首次提出了“河流的文化生命”概念，认为河流不仅是一种自然现象，也在对人类的精神和文明产生影响和塑造的过程中成为参与人类历史的具有内在尊严的生命共同体。

对应河流的文化审美价值，河流的文化生命是河流自然生命内涵的增加、生长、延伸和扩展，河流自然生命是其文化生命的本体基础。只有上升到了文化生命，河流自身的内涵才可以说得到了充分的实现。只有破除科学理性抑或工具理性的思维模式和功利主义的价值倾向，从情感、人文或文化的解释原则出发，用心去感受和体验，河流才会呈现出一个“纯洁、善良、平和、美好、友善、关爱的女性形象”。

河流的文化生命探讨河流对其流经地区的文化的影响，即其在流域文化中的投影和印记。河流对文化的这种塑造作用即为河流的文化生命；语言与文学，哲学、道德与宗教，文学与艺术，神话传说以及民俗民风等都是河流文化生命的主要表现形式。从新石器晚期的仰韶文化时期开始，出土文物中的彩陶上就出现了水波纹和鱼类的图案，说明那时古人对于水的认识已经反映到了艺术中。

随着生产力水平的提高、对自然的认识的深入和对精神生活的更高追求，河流的自然生命对人类的制约日益减弱，而其文化生命的重要性则日益增强。

2.1.6 河流伦理学理论

河流伦理目标是维护河流健康生命，其建立在承认和尊重河流生命的基础上。如果认为河流有生命，河流有健康状态，那么作为道德的物种，人类就应有义务对河流生命和河流健康给予必要的关怀，这属于一个伦理问题。河流伦理学作为“河流”和“伦理”组合而成的复合性概念，实际上也是生态伦理的一个重要组成部分。河流伦理也建立在承认河流价值的基础上，认为河流价值具有多重性，既包括使用价值，又包括劳动价值；既有工具价值，又有内在价值。

20世纪三四十年代，生态伦理学（ecological ethies）作为一门新型的学科诞生。美国哲学家奥尔多·利奥波德（Aldo Leopold）凭借生态伦理学经典之作《大地伦理学》，成为举世公认的生态伦理学奠基人和创立者。法国哲学家阿尔贝特·施韦泽（Albert Schweitzer）也通过著作《文明的哲学——文化与伦理学》提出了对生态伦理学的构想，使其成为当代生态文明的思想渊源之一。20世纪六七十年代以来，随着西方生态伦理学的热潮和崛起，西方人的价值观乃至国家政治、社会生活都受到了较大的影响。生态学最基本的概念就是大地是一个共同体，热爱并尊重大地是伦理学的延伸。生态伦理学是一种新的世界观，是人与自然、文化与自然相互作用的理论和实践。调整人与自然的关系是当代生态伦理的基本出发点。

河流伦理（River Ethics）概念最早由一批中国学者研究黄河时提出，借鉴伦理学和西方深层生态学，结合黄河和世界上其他河流治理经验，集体构建了河流伦理学。在河流生命概念基础之上，将“大地”置换成“河流”，则可得出河流伦理的基本定义，即热爱并尊重河流，形成人与河流和谐的生命关系。因此，河流伦理学是一种全面阐述人与河流之间生命关系的理论论述；是一种将生态伦理学应用于河流的应用伦理学。2004年，河流伦理体系与治河理论体系、生产实践体系一起，成为维持黄河健康生命理论框架三体系之一。黄河研究者所倡导的河流伦理是基于维持河流健康生命，合理开发利用河流资源，实现人与河流和谐共生。该理论的创新性在于把人与人之间的伦理关系扩展到人与河流生命的关系，丰富和拓展了伦理学的范畴和内涵。

相对于生态伦理，河流伦理有其自身的特点，这是由河流生态系统自身的特点决定的。在我国，河流还是文化象征意义的承载，人类和河流存在着漫长的共生共存的文化关系。河流伦理有以下基本原则：

（1）人与河流和谐相处，人类发展不得危及河流健康生命。

（2）尊重河流生命，尊重河流的权利和内在价值，维护河流生态系统的稳定性、完整性和多样性。

（3）维护整体性，流域经济、社会和环境保护协调可持续发展。

（4）当河流受到污染和破坏时，相关责任人需要对河流进行补偿，使其恢复健康的生态环境。

2.2 人类幸福的社会学理论

幸福是哲学、伦理学、经济学和社会学的核心问题，幸福感是心理学的科学问题，幸福指数是一个国家和政府重视的时代课题。追求幸福感是人类永恒的美好生活追求，将微观幸福与社会经济发展和国家治理结合起来考量，是一种创新性研究。

2.2.1　现代幸福感研究

尽管“幸福”这一话题已引起了人们几千年的关注，但是对幸福进行系统性的度量和研究却是在近现代才开始。20世纪60年代，第一篇幸福感综述论文——万纳尔·威尔逊（Wanner Wilson）的《自称幸福的相关因素》，标志着国外现代幸福感研究的起源。幸福感的研究一开始具有两种倾向，即以快乐论为基础的主观幸福感和以实现论为基础的心理幸福感，随后又出现了以社会学理论为基础的第三种倾向，即社会幸福感，并出现了幸福感研究取向不断整合的趋势。

2.2.1.1　主观幸福感

主观幸福感（subjective well-being，SWB）源自哲学上的快乐论，涉及的是人们如何评价他们的生活状况，是指人们对其生活质量所做的情感性和认知性的整体评价，是一种主观的、整体的概念。在主观幸福感中，认知与情感成分是密切联系的。

Campbell等用生活满意度和快乐感指标评价主观幸福感。生活满意度指的是个体对于现实和期望的主观感受上的差别，其是主观幸福感的认知组成部分，被当作预测主观幸福感的关键因素；快乐感则是一种在正向情感和负向情感之间的一种情感平衡，其是主观幸福感的情感组成部分。20世纪70年代，Andrew和Withey总结得出：生活满意度、积极情感、消极情感是主观幸福感的三个基本因素，即幸福就是较高的生活满意度、较多的积极情感、较少的消极情感，得到大多数持快乐论观点的研究者认可。

现代主观幸福感研究主要有以下特征：

（1）范围广泛。主观幸福感研究领域范围覆盖面很广，其不仅仅集中于人愉快与不愉快的状态，而是更看重主观幸福感水平上的个人差异。

（2）主观体验。在评价主观幸福感时，从个体自身的角度对其进行定义，并不规定外部参照标准。

（3）长期状态。主观幸福感研究关注长期的状态而不是瞬间的心境。简言之，主观幸福感的幸福概念就是相对持久的快乐的主观体验。

2.2.1.2 心理幸福感

心理幸福感的认同者认为幸福不能完全等同于快乐，指出主观幸福感研究对情感过度关注的谬误，认为主观幸福感忽略了认知，仅仅依据行动者自己界定的标准，单纯依靠个人体验与主观经验，从人的情感体验和对生活的总体评价来定义幸福，不能完全准确地反映出一个人的生活状态，使评价结果与客观标准相分离，仅仅通过生活满意度、积极情绪和消极情绪 3 个方面的内容不能完整地体现幸福感的研究论域与全貌。心理幸福感（psychological well-being，PWB）的哲学背景是实现论，主要指个人按照自己制定的准则，对自身生命质量进行全面评估，从而得到一种相对稳定的认知和情感经验。

Wateman 最早对心理幸福感进行研究，并发展了《人格展现问卷》来测量人的心理幸福感水平。Ryff 认为幸福应该是通过充分发挥自身潜能而达到自我的完美实现，理论上与实践上阐述了心理幸福感的定义，综合讨论了影响心理幸福感的各种因素，证实了心理幸福感的 6 个维度，包括自我接受、个人成长、生活目标、积极关系、环境把握、独立自主。Ryan 的自我决定理论则认为自主需要、能力需要与关系需要构成了人类的基本需要，是幸福感的关键因素。

2.2.1.3 社会幸福感

20 世纪末期，Keyes 试图从更宽广的社会性视域中探求人的良好生存状态，提出了幸福感的第三种研究思路，即社会幸福感（social well - being，SWB），认为幸福的实现在于对他人和社会产生的价值与意义。

主观幸福感和心理幸福感的模型同时强调了幸福感的个人特征，但是个体根植于集体，必然要面临许多无法逃避的社会责任与挑战。社会幸福感的研究最初源于社会混乱与社会疏离问题的出现，相比心理幸福感，社会幸福感更加重视人的社会生活层面。当今的社会幸福同时成为实现个体幸福的前提条件与最终结果，个体幸福与社会需要相辅相成，呈现逐渐整合的趋势。

社会幸福感有以下 5 个维度：

（1）社会整合。社会整合指有归属感，能够获得社会的帮助，并共享利益。

（2）社会认同。社会认同指以积极的心态信任和接纳大多数人。

（3）社会贡献。社会贡献指坚信自己能为社会创造价值。

（4）社会实现。社会实现指对社会的发展潜力有信心，并认为可以通过法律的规定和公民的行动达成。

（5）社会和谐。社会和谐指关注社会，对社会有兴趣，认为社会是可知的、公平的、可预料的。

社会幸福感以个人与他人和环境的关系作为首要目的，将重点放在个人在社会中面临的挑战上，从个体的社会价值、社会贡献和社会存在的角度对幸福进行了诠释。

陈浩彬对主观幸福感、心理幸福感与社会幸福感三者之间进行了相关分析，整合出 3 个一阶因子和 14 个二阶因子，共同构成一个多层次、多维度的幸福感理论结构，如图 2.1 所示。三种幸福感之间在结构上层层递进，在内容上互相关联、逐步加深。这是对人类幸福的认识与感知过程的体现，也是对人类幸福的真实来源与获得途径的阐释。

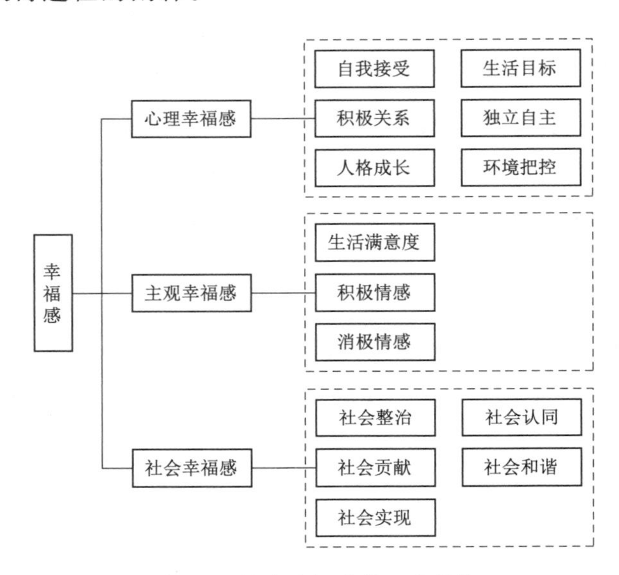

图 2.1　整合幸福感的理论结构

2.2.2　马克思幸福论

现代幸福感研究认为幸福的科学的概念应该是快乐与意义的统一、主观与客观的统一，也是个人与社会的统一，既包含快乐的主观体验，也包含良好功能的客观标准，应整合主观幸福感、心理幸福感与社会幸福感，对幸福进行一个科学地、系统地、辩证地认识和探讨。与过去哲学上的幸福观点相比，马克思主义哲学幸福观更加具有科学性，强调物质条件和精神满足是人们幸福不可或缺的两大因素。

“劳动创造价值”是马克思主义哲学幸福观的根本内涵，劳动价值论则是马克思哲学中最重要的一个重大发现。人类要获得真正的幸福，只有通过自己的劳动，创造出对社会有意义的价值，并由此获得物质与精神的双重满足。这一观点实际上蕴含着马克思主义哲学幸福观的4个重要内容，即4个“统一”：

(1) 主观性与客观性的统一。幸福首先是一种主观的经验和感觉，它是人的一种精神状态，是主体价值得以实现的一种自我意识方面的心理活动。幸福的客观性是指人的基本需要得到满足，其包括人的生存条件、人的安全感、人的自由和健康。

(2) 享受与劳动的统一。劳动是获取幸福的先决条件，在劳动创造物质财富的过程中，幸福随着价值的创造而被创造，从而使人们产生自我价值，在劳动和奉献中获得幸福的感受。劳动可通过经济方面的指标体现出来，例如人均国内生产总值、第三产业增加值占比。

(3) 物质生活和精神生活的统一。人类生存的第一个前提就是人的需要及其满足问题，幸福的实现需要一定的物质条件；而精神是人在满足物质生存条件是基础上对美好生活的追求和向往。人类幸福生活以物质为基石、精神为食粮，幸福的实现必须取得物质和精神的相互协调和统一。可通过社会公平指标来反映。

(4) 个人幸福和社会幸福的统一。人必须生存于社会之中，个人与社会紧密联系、相辅相成，社会生活是人获得幸福的媒介，社会的幸福也与个人的幸福息息相关。个人幸福和社会幸福的统一可通过公众安全感满意度、城市绿化率等环境方面的指标来体现。

马克思主义幸福观是一种从人的社会实践出发，以全人类的幸福为目标的理论，这与“以人为本”的科学发展观不谋而合。与其他的幸福观点相比，从马克思主义哲学角度来看的幸福观更具有科学性，也更接近于人民群众，能够更好地反映出人生的价值以及对生活的正确态度，这将会更有助于人们幸福愿景的实现。为此，本书选择了以马克思的幸福观为立足点，以此为理论依据和基础来构建河流幸福指数指标体系。

2.2.3 马斯洛需求层次论

20世纪40年代，美国心理与社会学家亚伯拉罕·哈罗德·马斯洛（Abraham Harold Maslow）在《人类激励理论》一书中提出马斯洛人类需求五层次理论，将人类的需求从低到高按阶梯层次分为五层，如图 2.2 所示。

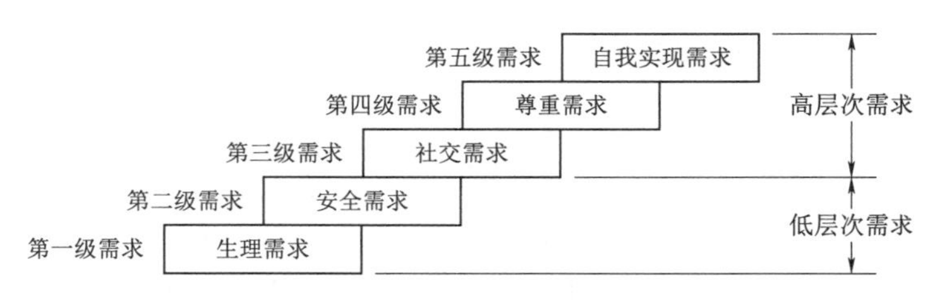

图 2.2　马斯洛需求层次理论示意图

2.2.3.1　需求层次

马斯洛认为，在人的价值观中，有两种不同的需求，一种称为低层次需求，属于沿生物谱系上升方向逐渐变弱的本能或冲动，包含生理需求和安全需求；另一种是所谓高层次需求，属于随生物进化而逐渐显现的潜能或需求，包含社交需求、尊重需求和自我实现需求。

五种需求的划分是从低层次到高层次、从外在到内在、从物质到精神的向上发展过程。

（1）生理需求。生理需求指人们为了自己的生存而必须满足的最基本的需求，它属于最原始的需求层次，比如食物、住房、饮水、空气、出行等。

（2）安全需求。安全需求也是一种低级的需求，比如对人身安全、免于疾病、生活稳定、社会秩序等的需求。

（3）社交需求。社交需求属于较高层次的需求，指在社会中与人交往的归属感、参与感等。

（4）尊重需求。尊重需求属于一种更高级的需求，包括被他人认同与尊重，获得社会地位等。

（5）自我实现需求。自我实现需求属于最高层次的需求，指的是一种追求更高生活境界的需求，比如发挥个人的潜能，实现个人的理想，追求完美的情感体验等。

人类都存在着这五个层次的需求，只是在不同的时间里，这些需求的紧迫性有差异。当低层次的需求基本被满足之后，其激励作用就会减弱，而高层次的需求则会成为驱动人行为的主要动力。

2.2.3.2　面向河流的人类需求层次的思考

马斯洛需求层次论是一种以人的发展需要为基础的层次化分析，其包括了人的生理需求到人的精神需求这一向上的发展过程。以马斯洛的需求层次理论为基础，剖析人类在河流系统中的需要等级，可为当前的河流幸福评估提供有益的启示。幸福河是造福人民的河流，是与人的需求层次理论相契合的。

河流作为人类逐水而居、沿河而居的栖息地，人类根据自身的需要改造着河流系统。人类发展初期，为满足最基本的衣食住行生存需求，人们无止境地索取河流的物质资源，侵占和改变了河流及其生态系统。随着社会经济的发展和文化水平的提升，人们越来越重视人与河流之间的相互影响，人们对河流的需求逐渐丰富和细化，形成了如参与、审美、情感交流等更为高级和复杂的需求类型。

人对河流的需求经历了从关注物质上的满足转向对更高层次的心理上的满足，从对自然资源的索取和占有、到对河流生态系统的尊重，再到追求人与河流和谐发展的目标，由此可以总结出现代人类对河流的需求层级（图 2.3）。这是与马斯洛的需求层次理论相符合的，是其理论外化于环境的表现。

图 2.3　人类对河流系统的需求层次

（1）基本生理需求。建设幸福河湖，首先应满足人的基本生理需求，只有在适宜的环境条件下人才能健康生存。对于河流而言，基本生理需求包括对适宜的河流环境、充足且干净的饮用水源、远离水污染等方面的需求。所以在评价时，对可能影响人的生存的因素，如水量、水质等，应该予以优先关注。

（2）物质经济需求。在人类文明发展的初级阶段，在创造精神财富之前，物质财富起着近乎决定性的作用。没有物质生活最基本的物质需求满足，人类就不可能获得幸福。这种需求来源于生理性本能，使得人们成为大自然中不可缺少的一部分，从而得到生理上的满足。对于河流而言，随着人类社会开发和利用河流的能力逐渐提升，河流的水源供给、水能供给、灌溉、发电、运输与传播等功能，都使河流服务于经济社会发展和造福于人类的功能日益显著。

（3）社会安全需求。在人类需求的初级阶段，人们还有稳定、安全、受到保护、有秩序、能免除恐惧和焦虑的需求。对于河流而言，一条令人幸福的河流不仅要在平时满足人们的基本物质需求，更重要的是保障人的生命安全、财产安全，以及在遇到洪涝或干旱灾情时能及时得到有效的保护和救助，以反映人类得到水安全保障的社会支持作用。

（4）审美与休闲活动需求。在最基本的物质和安全得到了保障之后，自然环境的美学和游憩功能开始得到重视。审美指的就是人们对于景观环境形象所表现出来的一种内在的心理感觉。人们希望生活在一个美的环境当中，可以让人得到一种视觉上的享受，同时给身体和精神都带来正面的影响。对于河流而言，河流景观环境的创造应该与人们的休闲需要和审美需要相适应，创造一种有利于交流和沟通的空间形态，以提高人与环境、人与人之间的交互作用。

（5）参与与情感认同需求。当人类在生态系统中开展游憩、交往等各种活动时，人类对景观环境的要求也会随之提高。在人的生存需要中，情感需要占据着最高位置。情感认同就是指利用人类和周围的环境进行的交流以及各种情感线索，来唤起人的记忆，并构建人的情感。参加跟河流有关的各种活动，可以帮助形成人们对周围环境的依赖感和安全感，将景观环境作为客观场所意象在主体意识中体现出来，形成人、境、心、物合一的状态，进而实现人对河流的情感认同。

2.2.4　可持续发展准则

水资源可持续发展准则是水资源管理的指导思想。对河流进行评估和治理涉及社会，经济，资源和环境诸多问题，也是非常复杂的科学问题。实现可持续利用河流客观上要求对其进行评价和治理必须遵循可持续发展这一基本原则。

2.2.4.1 水资源可持续发展

水是可持续发展的支撑条件，1996年，联合国教科文组织（UNESCO）对水资源可持续利用进行了概念界定："支撑从现在到未来社会及其福利而不破坏它们赖以生存的水文循环及生态系统完整性的水的管理与使用"。水资源的利用必须遵循科学的可持续原则，否则既不利于当代，也会危及子孙后代。水资源的可持续发展是21世纪一个关乎全人类未来与命运的问题，已成为《21世纪议程》中的一个重大议题，是当今世界各国关注的焦点。

可持续发展的内涵十分丰富，本质任务就是要处理好人口、资源、环境与经济协调发展关系，核心问题就是有效管理自然资源，使其为经济发展提供持续支撑。以提升人们的生活品质、持续满足人们对物质和精神生活的日益增长的需要为最终目的。因此，必须把当前利益与长远利益、局部利益与全局利益有机结合起来，统一协调经济发展、社会进步、环境改善。从河流幸福度的角度来看，河流要实现可持续利用与管理，并要支持流域经济社会的可持续发展，应强调用社会、经济、文化、环境、生活等多项指标来衡量。

可持续发展目标应有四大支柱。

（1）继续开展千年发展目标的关键工作，到2030年消除极端贫困。这一历史性突破将极大地提高最贫穷国家的幸福感。

（2）环境可持续性。可持续发展目标的环境支柱可以以"地球边界"的概念为指导，即人类必须避免特定的环境破坏阈值，以避免对地球和子孙后代造成不可弥补的伤害。

（3）社会包容。社会包容即每个国家或地区都承诺，技术、经济进步和良好治理的好处应该惠及所有人，不论男女，不论少数群体还是多数群体。幸福不是占统治地位的群体的专利，而应该是所有人的幸福。

（4）善治。善治即社会通过真正参与的政治机构集体行动的能力。良好的治理意味着人们有能力帮助塑造自己的生活，并获得政治参与和自由带来的幸福。

科学发展观强调全面、协调和可持续地发展，其核心是以人为本。以人为本就是要把人民的利益作为一切工作的出发点和落脚点，从人民群众的根本利益出发谋发展、促发展，不断满足人民群众日益增长的物质文化需要。在对河流的开发利用过程中，过于注重经济增长而忽视河流环境可持续发展，就会造成河流资源的过度开发、低效利用和生态环境的严重破坏，导致河流健康状况恶化，河流功能无法正常发挥，河流生命遭到威胁。因此，要达到幸福河的目标，必须以可持续发展准则与科学发展观作为指导，践行以人为本的理念。

2.2.4.2　2030年可持续发展议程

2015年，联合国第70届联合国大会峰会正式批准《改变我们的世界：2030年可持续发展议程》，通过了17个可持续发展目标以及169个相关具体目标，激励人们在今后15年内，在那些对人类和地球至关重要的领域中采取行动。可持续发展目标在河流上的体现见表2.2。在具体目标中，与河流相关的有目标6、目标9、目标11、目标13和目标15。幸福河指标体系与可持续发展议程本质上一致，是在河流保护与修复领域落实可持续发展的集成方案。

表2.2　可持续发展目标在河流上的体现

可持续发展目标	具 体 目 标
目标6	6.1公平获得安全和价廉的饮用水。
	6.3改善水质，减少污染，消除倾倒废物现象，把危险化学品和材料的排放减少到最低限度，将未经处理废水的比例减半。
	6.4所有行业大幅提高用水效率，以可持续的方式抽取和供应淡水，以便解决缺水问题，减少缺水人数。
	6.5在各级进行水资源综合管理，包括酌情开展跨界合作。
	6.6保护和恢复与水有关的生态系统，包括山麓、森林、湿地、河流、地下含水层和湖泊。
	6. b支持地方社区参与改进水和环境卫生的管理，并提高其参与程度
目标9	9.1发展优质、可靠、可持续和有抵御灾害能力的基础设施
目标11	11.4进一步努力保护和捍卫世界文化和自然遗产。
	11.5大幅度减少包括水灾在内的各种灾害造成的死亡人数、受影响人数和直接经济损失
目标13	13.1加强抵御和适应与气候有关的灾害和自然灾害的能力
目标15	15.1养护、恢复和可持续利用陆地和内陆的淡水生态系统及其便利，特别是森林，湿地，山麓和旱地
	15.5紧急采取重大行动来减少自然生境的退化，阻止生物多样性的丧失，保护受威胁物种

2.3 幸福河理论体系框架

因幸福河及其评价内涵丰富、系统复杂、涉及内容广，针对其研究需要涉及水资源、水环境、水生态、水安全、生态学、经济学、社会学、伦理学等多门学科或领域，且解决问题时需多学科领域交叉融合，每个基本理论的实现都需要多个理论共同参与，并非单一的对应关系。

按照马克思哲学中的阐释，可把“幸福河”中的“幸福”转换成为统计学层面上的含义，以便为后续的河流幸福指数指标体系的构建作一个理论上的铺垫。可根据马克思主义的幸福观的两个层次内容，并利用统计的有关知识，把“幸福指数”这个抽象的概念分解成主体与客体两个主要的模块，在主体部分进一步分为主观和客观两大构成内容，从而构建出一种较为科学的河流幸福指数评价理论框架与研究体系框架，如图 2.4 和图 2.5 所示。

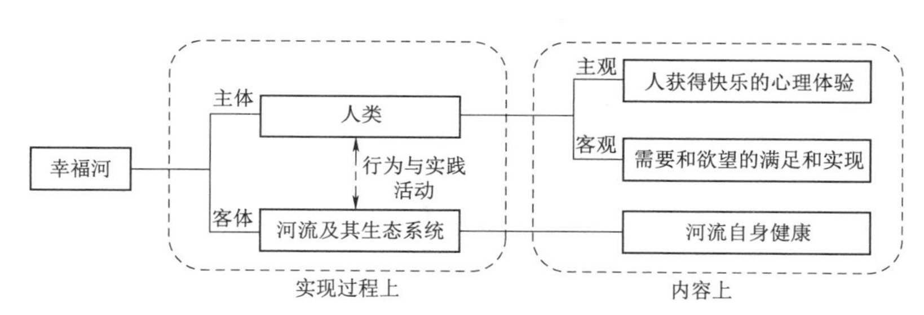

图 2.4 幸福河基础理论框架

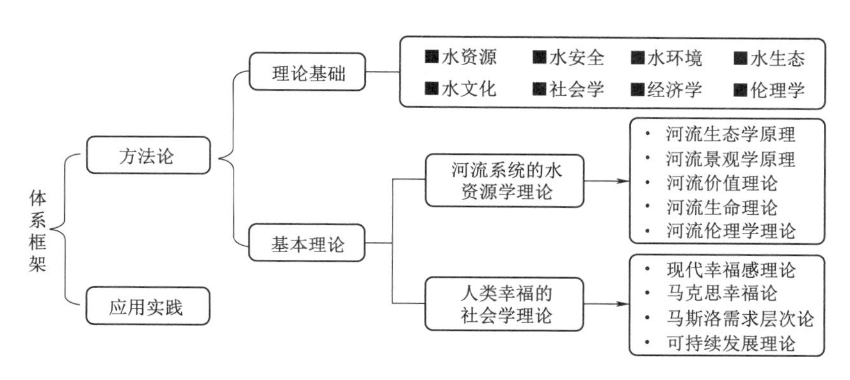

图 2.5 幸福河研究体系框架

从实现过程来看，生活在现实中的人是幸福的主体，人的认识和实践活动所指向的对象即客观存在的物质世界是幸福的客体，实践活动则是连接幸福主客体的中介和纽带。从马克思主义幸福论上讲，幸福河中的幸福之实现，人即为幸福的主体，河流及其生态系统为幸福的客体，人施加于河流系统的行为即连接人与河流关系的中介。

从内容来看，第一，幸福是主观的，是人获得快乐的心理体验，这是幸福的外在形式；第二，幸福是客观的，是人的需要和欲望的满足与实现，具有不以人的意志为转移的客观性，这是幸福的内在本性。由此可知，一条令人幸福的河流也相应地包含这两方面内容。首先，客观上河流必须满足人在衣食住行等基本的生命需求，这必然依赖河流功能的实现；其次，主观上人可以从中获得快乐与幸福的心理体验，体现在不同河流能带给人不同的文化感受。

2.4　本章小结

本章探讨了幸福河的定义与内涵、基础理论、配置目标和原则，分析了幸福河实现的目标任务即保证河流自身的健康稳定，达到人类幸福感最大化，实现人类系统与河流系统协同发展。

本章认为幸福河研究的核心任务是如何正确认识、评价与处理人与河的关系。基于生态科学与整体论、可持续发展准则、马斯洛需求层次论、环境价值论等理论基础，本章分析总结了幸福河政策的科学基础，认为幸福河目标的实现既包括河流自身的健康稳定，也包括如何使人类系统与河流系统协同发展，以实现人类幸福感最大化。整合了幸福及理论，构建了本文幸福河基础理论与研究体系框架。

第3章　幸福河评价指标体系构建

幸福河的指标体系是幸福河评价的关键，建立的指标体系是否合理对落实和实施河流管理与保护十分重要。前述研究表明，幸福河领域的现状研究基本上是基于河流健康与人水和谐观念，大多仍是从河的角度出发，缺少对幸福机理本身的探讨，“以人为本”的理念体现不足，体现人类幸福感的指标关注不够，无法表征幸福河评价与传统的河流健康评价、人水和谐评价的本质区别。且因幸福河所牵涉的学科很多，在选择评估指标时，侧重的角度也是不同的。因此，基于人类幸福理论，本章在分析幸福河指标体系建立原则和方法的基础上，对幸福河指标体系的现有研究成果进行了系统全面分析，搭建了包含目标层—准则层—需求层—指标层四级层次关系的框架，提出了一套适用于一般区域或流域的幸福河评价指标体系。

3.1　评价指标体系建立的原则

科学设置幸福河的指标体系是客观反映河流幸福度的重要依据。确立幸福河评价指标体系，应该根据我国的国情，坚持科学性、实用性和简洁性，具体依据的原则有以下几个方面：

(1) 科学性原则。坚持以人为本、以人民为中心作为幸福河评价指标体系构建的出发点，遵循幸福感的心理学原理和社会学原理，综合考虑影响幸福感的实际因素，体现人对河湖的安全感、获得感、愉悦感等不同层次的精神需求，把那些真正能反映幸福本质的指标纳入到体系之中。选择的指标既要有坚实的科学理论基础、明确的概念定义，也要立足于现有的基础和条件。

(2) 独立性原则。影响幸福程度的因素有很多，各因素之间极有可能存在交叉与重叠部分。为降低计算过程中各指数间的相互影响与干扰，所选取的代表因素和指标应该尽可能地彼此独立。

（3）可操作性原则。评价指标的计算方法应力求准确，便于分析和评价。对于一些不易取得或者根本不能取得的指标，在可行性的基础上，尽量用容易获得的与之近似的指标去代替，以求最大限度地体现河流幸福的实质与内涵。

（4）系统性与层次性相结合。幸福河是由不同层次和不同要素组成，确定指标时要分别确定各层次指标及指标的权重，系统性中要体现层次性，层次性中也不能割裂系统性，做到系统性与层次性统筹兼顾。

（5）主观评价与客观评价相结合。幸福是主观与客观的统一，应该整合主观幸福感、心理幸福感与社会幸福感理论框架中的合理成分与核心要素，既涉及快乐的主观体验，又包括良好功能的客观标准，必须系统、辩证、科学地理解与研究河流幸福感。

（6）动态性与静态性相结合。河流管理是一个动态的发展过程，是动态和静态的统一，不同流域所处的发展阶段和幸福度水平也有差异。因此，评价指标中既应包含静态指标，又应包含动态指标，以反映不同阶段的变化。

3.2　评价指标体系的初步构建

幸福河的管理与保护过程中，河流对人类的影响是复杂多样的，因此其复杂性决定了指标体系应该是多层次多指标的综合评价指标体系。根据研究区域特点分析幸福河建设的诸多问题，结合以往已构建的评价指标体系并结合专家意见，删选评价指标，最终形成河流幸福评价指标，建立评价指标体系。遵循章节3.1中所述指标选择原则，构建了四层递阶结构评估指标体系，即目标层—准则层—需求层—指标层。幸福河评价指标体系层次关系框架如图3.1所示，各层级指标的选择原因和依据见表3.1。

3.2.1　目标层

目标层反映研究区域整体河流幸福程度，构建幸福河的目标是在保障河流自然属性、维持河流自身健康的前提下处理好人与河流的关系，实现人类对幸福的要求。以幸福河基本原理与理论体系为依据，以河流健康和人类幸福为目

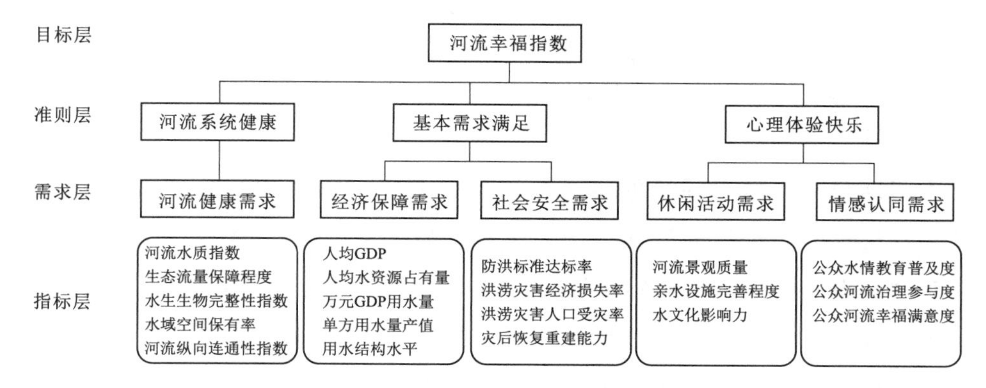

图 3.1 幸福河评价指标体系层次关系框架

表 3.1　　幸福河评价指标体系目标层、准则层与需求层

目标层	准则层	选择原因	需求层	依据
河流幸福指数	河流系统健康	使人类活动施加于河流的伤害达到最低程度，确保河流系统的健康，是幸福河建设的前提	河流健康需求	河流健康评价
	基本需求满足	使河流能为人类生存和社会经济可持续发展提供久远的支撑和保障，保证人类的基本需求从河流中获得满足	经济保障需求	马克思幸福论，马斯洛需求层次理论
		因河流具有利害两重性，因此应保证人类的生命安全与财产安全，能在遭遇河流灾害造成的困难时获得社会支持与帮助	社会安全需求	
	心理体验快乐	人的基本需求满足后对河流景观提出更高要求，使人能够更加方便和充分地参与到环境空间中，开展各种交互活动	休闲活动需求	
		河流景观以视觉形式影响人的心理感受，实现人对河流的情感认同，逐渐形成人的普遍归属感和认同感	情感认同需求	

标，基于评估理论，构建量化评估的框架，建立了量化评估的评估指标体系。评价体系包含两个层次的内容：一是评价人类从河流中获益时对其伤害是否降到最低，即判断河流是否保持其自然属性、维持其本身的健康与稳定；二是评价人类生活质量及直观体验感受如何受到河流的直接影响。在评价指标体系中，要能充分体现出这两个层面的合理性与有效性。

3.2.2 准则层

在综合评价和分析河流幸福度时，首先要解决的问题是确定各子系统的合理性判别标准。根据河流的功能与价值理论，总体来说，在评价一个地区或流域的河流幸福度状况时，必须考虑两类系统性指标，一类是河流系统；另一类是人类系统。

本书结合马克思幸福论的定义与内涵中人类“需要和欲望的满足与实现”和“获得快乐的心理体验”两个内容准则，以“河流系统健康”“基本需求满足”和“心理体验快乐”3个判断准则为基本框架，分别体现河流健康保障程度、人类基本需求的满足程度和心理体验的良好程度，用健康指数、需求指数和体验指数表示。3个准则各自表征了子系统的发展状况，即河流系统健康属性是幸福河评价的自然基础；基本需求满足属性是幸福河评价的核心准则；心理体验快乐属性表征了河流是否能让人幸福的主观判断和感受。以此为基础构建科学的幸福河评价指标体系。

3.2.3 需求层

需求层构建起评价指标体系的指标框架，体现了人类对幸福的需求因素，每个准则层包含不同的需求层次。本书依据河流系统的水文学与水资源学理论，参考马斯洛需求层次论，确定各准则层下主要需要考虑的因素，包含河流健康需求、经济保障需求、社会安全需求、休闲活动需求及情感认同需求五大方面，反映三大判准准则下某一具体方面的幸福程度。

1. “河流系统健康”下的需求层

河流健康的概念既包含生态系统的自然属性，也包含人类系统的社会属性。使人类活动施加于河流的伤害达到最低程度，确保河流系统的健康，是幸福河建设的前提。

河流健康是针对河流系统的而言，河流健康主要是指河流系统的自然生态环境功能没有遭到破坏。一条健康的河流，应当是结构合理、功能健全的河流，可以保持正常的能量流动和物质循环，可以抵御和恢复自然干扰的长期影响，可以保持其组织结构的长期稳定性，并充分地发挥正常的生态环境效益。

因此，在河流健康这一准则约束下，主要考虑河流生态环境这一方面因素，评价指标应可以直观反映河流健康状况。结合河流健康评价中的5个表征方面，即水质、水量、水生生物、河流形态结构与河岸带，表征自然变动和人类活动两类主要影响河流健康状况的因素。首先，幸福河必须保证水量与水质理化参数正常，保证其自净能力，让干扰因素始终处在环境承载范围之内，以保障社会生产、生物与人群健康；其次，必须保证河流生物物种丰富，以体现将人类活动对河流的胁迫作用降到最低；最后，幸福河必须保证其河流形态结构完整、河岸带状况良好，降低人类不合理土地利用侵占，为沿岸人们的安全感提供保障。

2. “基本需求满足”下的需求层

从马克思主义幸福论的内容来看，人的幸福包含两方面，客观上，幸福是人的需要和欲望的满足与实现；主观上，幸福是人获得快乐的心理体验。因此，一条令人幸福的河流也相应地包含这两方面内容。首先，客观上河流必须助力人的需要和欲望的满足，必然依赖河流功能的实现，这一部分可根据马斯洛需求层次理论对人的需求进行分类，构建评价指标体系；其次，主观上人可以从河流中获得快乐与幸福的心理体验，体现在不同河流能带给人不同的文化感受和心理感受，这一部分则可从主观幸福感、心理幸福感与社会幸福感的评判方法入手，对人群进行河流满意度评估，或发放调查问卷进行调研。

人类基本需求是从人类的视角出发，是指人类为了自己的生存和发展而必须满足的基本的需要，保障人身安全，实现经济有序发展、社会秩序稳定。据此，在基本需求满足这一准则约束下，主要考虑经济保障和社会安全这两方面因素。首先，人民生活富裕是幸福河的具体表征，一条令人幸福的河流必然能为人类生存和社会经济可持续发展提供久远的支撑和保障，保证人类的基本需求从河流中获得满足。其次，因河流具有利害两重性，因此应保证人类的生命安全与财产安全，能在遭遇河流灾害造成的困难时获得社会支持与帮助。

3. “心理体验快乐”下的需求层

随着环境中各种休闲及交流活动的开展，人们会对景观环境提出更高的要求，情感认同需求则是人的环境需求的最高境界。心理体验层面上的要求则主要与人水关系质量问题相关，使水环境更宜居，水景观更优美，水文化有更强的影响力，这是目前人们所提出的更高要求。

因此，在心理体验快乐这一准则约束下，主要考虑人的休闲活动需求和情感认同需求这两方面因素：一是由于人类对环境的要求越来越高，对亲水性环境的营造和水景观质量的提高变得越来越重视；二是在满足人的物质需要的基础上，更要关注人的精神和文化方面的需要，使幸福河成为一种精神文化的继承载体，来实现人们对精神和文化的需求的满足。

3.2.4　指标层

指标层则是在理论研究的基础上，通过文献资料分析、专家咨询等方法，针对需求层指标进行进一步细化。在建立了指标体系后，根据国家和地方标准和规范、相关学者已有研究成果，制定各项评价指标的评价标准和河流整体幸福等级的划分标准。

3.3　评价指标的筛选

对初始指标进行精选，为后续指标权重的确定提供了依据，也是进行多指标综合评价决策的前提与基础。因为幸福河的评价牵涉到了经济、生态、文化等多个方面，所以在初步的评价指标中，还需要对指标的代表性、关联度进行考察，从中选出最具代表性的指标，作为赋权和评价的依据。本书通过文献频率统计分析的方法，基于上文所述的指标选择原则，从具有较大影响力和较高认可度的专家学者的研究成果中初步筛选出指标，并进行了归纳与总结。

幸福河既然是“使人类感受到幸福的河流”，因此必然要体现人类需求和感受的满足程度，属于客观上人类需求满足与主观上人类感受快乐两者之总和。因此，在以往专家学者的研究中，有些参与评价的领域与指标与此并无直接关系或直接影响，在本书中不考虑将其归为幸福河评判范畴。从领域来看，例如水管理建设领域下，流域法律法规是否健全、最严格水资源管理制度是否实施、市场经济手段调节作用是否充分发挥、信息共享机制是否畅通等指标，虽然是与河流流域建设有关的内容，但都属于管理手段与支撑，与幸福无直接关系。同样，节水监管领域下节水技术和设备推广普及率、节水型社会建设程度等指标，水科技进步领域下天空地一体监测、智能水等现代化水治理体系完善程度等，都不属于幸福河评价范畴。从评价内容来看，例如在与地下水有关的指标中，虽然河流与地下水存在相互联系相互补给的关系，但地下水超采面积或地下水资源保护状况等评价内容更多地属于地下水管理，而非河流管理方面。人水和谐领域下的人水和谐度等，也无法体现河流幸福度与人水和谐度的区别。

总之，幸福河是人类为了使河流更好地造福人类、使人类感到幸福所做的评判，是“以人为本”理念的体现，是对传统的侧重强调社会经济服务的纠偏，不宜将与河流相关的所有工作内容均列入幸福河建设的管理与评价中来。

3.3.1 河流系统健康准则

河流健康是幸福河评价的基础，河流健康取决于河流功能的可持续正常发挥。河流健康的概念既包含生态系统的自然属性，也包含人类系统的社会属性，确保河流的健康是幸福河建设的前提。人类对河流资源的开发利用，首先要保证河流生态系统的健康和动态平衡。人类一切干预、改造河流水环境的行为，必须以不破坏河流及其流域环境的物质循环和能量有序流动为限度。

现有研究对表征河流生态健康这一准则的指标进行了讨论，分别依据不同的划分方式选择相应的指标，其表述各有差异。有的学者将河流生态健康划分成水生态与水环境两方面，例如陈茂山将河流健康划分为水生态健康和水环境良好两大准则，中国水利水电科学研究院幸福河研究课题组的表述则为宜居水环境和健康水生态。也有学者同时重视流域自然属性与生物环境质量，从植被水土保持与水生生物等角度评价河流的健康属性。

总的来说，现有研究涉及的准则可总结为水生态健康度、水环境良好度、流域自然属性及生物环境质量等领域，具体相关指标见表 3.2。

表 3.2　现有研究中河流健康需求相关指标

需求	相关准则	指标层主要具体指标
河流健康	水生态健康度	生态流量达标率/河流生态基流满足程度
		河流生态护岸比例/自然岸线保有率
		水域面积保留率/水域空间率
		河流纵向连通性指数/河道阻隔状况
		湿地保留率
	水环境良好度	河流水质指数/水质优良度/水质达标率
		湖库富营养化比例
		重要断面水质优良比例
		污水达标处理率
		底泥污染指数
		地表水集中式饮用水水源地合格率/水功能区水质达标率
	流域自然属性	植被覆盖率
		水土流失治理程度/水土流失比例/水土保持率
	生物环境质量	水生生物多样性指数/水生生物完整性指数

参考现有研究中专家学者的指标选取，基于河流健康评价中包括水量、水质、水生生物、河流形态结构与河岸带5个表征方面，要保证水量与水质理化参数正常、河流生物物种丰富、河流形态结构与河岸带状况合理，为此选择生态流量保障程度、河流水质指数、水生生物完整性指数、水域空间保有率、河流纵向连通性指数5项指标，作为河流健康需求层下的指标层具体指标，指标含义说明见表3.3。

表3.3 河流健康需求层下的幸福河评价指标

需求层	指标层	内涵说明
河流健康	生态流量保障程度	河流能达到满足河流生态系统稳定和健康条件所允许的最小流量的保证率
	河流水质指数	水系水质达到其水质目标的断面个数（河长、面积）占评价总断面个数（总河长、总面积）的比例
	水生生物完整性指数	国家重点保护的、珍稀濒危的、土著的、特有的、具有重要经济价值的鱼类种群生存繁衍的栖息地状况
	水域空间保有率	区域内重要湿地在不同水平年的总面积与20世纪80年代前代表年份水体总面积的比值
	河流纵向连通性指数	在河流系统内生态元素在空间结构上的纵向联系程度

从总体上看，5项主要评价指标能较好地反映河流的基本健康状态和变化趋势。除水生生物完整性指数具有较高的专业性外，其他指标都是易于获取、可量化的，具有较强的实用性，对于科研人员、管理人员和公众来说，更容易理解，也更容易观测和应用。

3.3.2 基本需求满足准则

基本需求满足是幸福河评价的核心，河流要为人类生存和社会经济可持续发展提供久远的支撑，保障人类的生命安全与财产安全，保证人类的基本需求从河流中获得满足。

因此，针对基本需求满足准则，必须对河流对经济的保障能力和社会的支持能力加以评估。已有研究对表征经济社会属性这一准则的指标进行讨论，各专家学者在选取相关准则与指标时在词汇和叙述上有略微差别，但涉及的领域与指标代表的含义大多相近。在经济保障方面，多数学者涉及的指标主要在河流持续供给、人水和谐关系与经济发展水平准则；在社会安全方面，鉴于洪涝灾害突发性强、危害性大特点，学者们普遍更关注洪水有效防御相关的防御指标，也有学者关注水域安全运行和旱灾有效防御相关领域，具体相关指标见表3.4。

表3.4　现有研究中经济保障与社会安全需求相关指标

需求层	相关准则	指标层主要具体指标
经济保障	河流持续供给	城镇供水保障率、农村自来水普及率、灌溉用水保证率、地下水超采率、人均水资源利用量、饮用水水源地水质达标率等
	人水和谐关系	万元GDP用水量、万元工业增加值用水量、灌溉水利用系数、水资源开发利用率、水资源承载能力匹配度、水资源监控能力等
	经济发展水平	居民基尼系数、恩格尔系数、人均GDP、第三产业占比、居民人均可支配收入、GDP增长率等
社会安全	洪水有效防御	洪涝灾害人口受灾率、洪涝灾害经济损失率、防洪标准达标率、洪涝灾后恢复能力、洪水预警预报能力、洪涝灾害损失占GDP比例等
	旱灾有效防御	干旱指数、农作物受旱面积率等
	水域安全运行	河岸河床安全稳定程度、降水深度、流量变异程度、水土流失比例、水源涵养功能指数、水流挟沙能力变化率、供水安全系数、降雨滞蓄率等

为更加直观地反映河流支撑流域经济程度，研究河流的经济效应和贡献，体现用水效率、用水效益，为此拟选择人均GDP、人均水资源占有量、万元GDP用水量、单方用水量产值、用水结构水平五项指标，作为评估经济保障需求层下的指标层具体指标。因河流具备特殊的利害两重性特征，需要特别重视其社会安全保障方面的影响，因此为评估河流的安全保障程度、体现人对河流的安全需求，拟选用防洪标准达标率、洪涝灾害经济损失率、洪涝灾害人口受灾率、灾后恢复重建能力四项指标，作为社会安全需求层下的指标层具体指标，指标含义说明见表3.5。

表3.5　经济保障与社会安全需求层下的幸福河评价指标

需求层	指标层	含义说明
经济保障	人均GDP	人均国内生产总值，是发展经济学中衡量经济发展状况的指标，是最重要的宏观经济指标之一，是衡量人民生活水平的一个标准
	人均水资源占有量	一个国家或地区可以利用的淡水资源平均到每个人的占有量，是衡量一个国家或地区可利用水资源的程度指标之一
	万元GDP用水量	行业部门单位产值产品的直接需水量。数值越大，说明其在生产过程中消耗的自然形态的水量越大
	单方用水量产值	行业部门单位用水产出的增加值。数值越大，说明其消耗单位数量水量产出的增加值越大
	用水结构水平	一定时期某水系统中各类用水水量组成

续表

需求层	指 标 层	含 义 说 明
社会安全	防洪标准达标率	指流域防洪工程达到规划防洪标准的比例，包括堤防、水库和蓄滞洪区等防洪工程
	洪涝灾害经济损失率	因洪涝灾害直接经济损失占同期该地区GDP的比例
	洪涝灾害人口受灾率	流域内因洪涝灾害死亡和失踪人口数占总人口的比例
	灾后恢复重建能力	指发生洪涝灾害后经抢险救援和灾后恢复行动使受影响区域人民生产生活恢复到有序状态的能力

3.3.3　心理体验快乐准则

心理体验快乐是对幸福河的一种主观评价，是人们从河流中得到愉悦和欢乐的一种主观感觉，一种心理体验。人的基本需求满足后，对河流景观也有了更高要求，而河流景观恰恰是满足了人类亲水需求，增加了人们的亲水互动，从而增强了人们的幸福感。河流主要具有两方面的休闲娱乐价值。一方面是审美价值，水体景观及沿岸陆地景观都可以作为人们的审美主体，例如观赏峡谷、瀑布、漫滩沙洲等；另一方面是娱乐价值，是审美价值的衍生物，例如划船、游泳、钓鱼、漂流等，人们从中获得娱乐身心、陶冶性情的精神满足。有关研究认为水体的审美和娱乐价值也体现在旅游部门的收益中，其在旅游收入中可占12.3%的份额。

河流是大自然的杰作，无论是汹涌澎湃还是碧波荡漾，其中都蕴含着巨大的审美价值。在历史长河中，河流自然遗产财富一直是人类文学艺术灵感的源泉。无论是壮丽奇秀的奔腾长江，还是九曲十八弯的壮阔黄河，每条河流都是一道亮丽的风景线，都有与其地理地貌相配合而形成的独特的自然景观，为人类提供了无限的审美意境。

自然河流及水景是人类灵感、深厚文化和精神价值的源泉，不仅使人精神愉悦、开阔人的胸襟、启迪人的智慧和创造力，还能陶冶人的性情、激发人崇高的道德情感。河流文化既包括水利文化也包括各流域特色文化，只有对地域水文化元素进行深度挖掘，才能使之得到更好的继承和发展，满足人民群众幸福更高一层的要求。

针对心理体验快乐准则，已有研究对表征文化属性这一准则的指标进行探讨。多数学者从人水和谐和河流文化方面入手，在休闲活动与情感认同方面，主要关注河流景观条件、河流文化传承、河流环境宜居、公众参与等准则，具体相关指标见表3.6。

表3.6　　现有研究中休闲活动与情感认同需求相关指标

需求层	相关准则	指标层具体指标
休闲活动与情感认同	河流景观条件	景观多样性指数、水景观价值等
	河流文化传承	水情教育普及程度、水文化挖掘保护程度、水文化传承载体数量等
	河流环境宜居	城乡居民亲水指数、亲水设施完善指数、亲水功能指数等
	公众参与	公众水治理认知参与度、公众河流幸福满意度等

在现有研究选取的指标中，有基于客观计算的指标，也有基于主观认识的指标，旨在对河流带给人类的物质与精神文化进行评价。通过人力来打造良好的水环境是彰显水利物质文化成果的重要方面。因此，针对休闲活动需求，主要评价河流景观、亲水设施、水风景区、水博物馆等河流文化载体的完善与丰富程度，本书拟采取的评价指标包括河流景观质量、亲水设施完善程度、水文化影响力三项，作为休闲活动需求层下的具体指标。针对情感认同需求，需要满足人民群众对于美好生活渴望的需求，同时也要更加注重水精神文化的培养，注重河流价值观念、水利道德伦理以及水利科技、理论等非实在性财富，最终达到人们对河流在感情上的认可，并逐步形成人们普遍的归属感与认同感。本书拟采取的评价指标包括公众水情教育普及度、公众河流治理参与度、公众河流幸福满意度三项，作为情感认同需求层下的具体指标，指标含义说明见表3.7。

表3.7　　休闲活动与情感认同需求层下的幸福河评价指标

需求层	指标层	含义说明
休闲活动	河流景观质量	河流景观由河流水域、过渡域和周边陆域景观构成，是体现城市整体风貌的重要载体
	亲水设施完善程度	亲水设施是指满足相关亲水活动的设施，如运动场地、散步道、钓鱼露台等，满足人们亲近水体、接触水体的需求
	水文化影响力	水利风景区、水利博物馆等传承水文化的载体丰富程度
情感认同	公众水情教育普及度	流域内公众认识水、尊重水、爱护水、节约水等方面意识的普及程度
	公众河流治理参与度	流域内相关水利科普、水利建设、水利监督等活动开展情况
	公众河流幸福满意度	流域内公众对河流的整体满意程度

3.4 评价指标权重的确定

在对河流的幸福度进行评估时，各个指标的权重是一个关键的问题，它的数值代表着相应的各个指标在整个评估系统中的相对重要程度。权重设置是否合理，会对评价的结果产生直接的影响。某个评价指标的权重，在横向上反映该指标在同一评价指标层中所处的地位；在纵向上反映该指标对河流幸福指数所起的影响力。

3.4.1 层次分析法的应用

20世纪70年代，美国运筹学家托马斯·萨蒂（Thomas Saaty）提出一种层次权重决策分析方法——层次分析法（analytic hierarchy process，AHP）。应用网络系统理论和多目标综合评价方法，决策者将影响决策的要素划分为多个层级和多个因子，通过对各个层级和因子的简单对比和计算，确定各个层级和因子的相对权重，从而确定最优方案。AHP自问世以来即得到了广泛的应用和迅速的发展，在多目标规划领域已成为决策分析中一个重要的应用课题。

AHP具有系统、灵活、简洁的优点，其原理简单、因素具体、逻辑关系明确。与专家评分方法相比，AHP并不是以专家的经验作为唯一的评判标准，而是结合矩阵理论，通过判断矩阵的建立、排序计算和一致性检验，在一定程度上消除了主观因素所带来的负面影响，克服了由于决策者的主观偏好导致权重设定与实际情况出现矛盾的情况，提高了决策的可操作性和有效性。

利用AHP确定权重的基本步骤一般是：①建立递阶层次结构模型；②构造各层次中的判断矩阵并对判断矩阵进行一致性检验；③对各个子系统进行层次单排序和相对重要性总排序。

3.4.1.1 建立递阶层次结构模型

幸福河评价递阶层次结构见表3.8。将幸福河评价指标体系中各指标按目标层A、需求层C、指标层D分别进行编号，方便后续计算及表述。

表 3.8 幸福河评价递阶层次结构表

目标层 A	需求层 C	指标层 D
河流幸福指数	河流健康（C1）	生态流量保障程度（D1）
		水生生物完整性指数（D2）
		水域空间保有率（D3）
		河流水质指数（D4）
		河流纵向连通性指数（D5）
	经济保障（C2）	人均 GDP（D6）
		人均水资源占有量（D7）
		万元 GDP 用水量（D8）
		单方用水量产值（D9）
		用水结构水平（D10）
	社会安全（C3）	防洪标准达标率（D11）
		洪涝灾害经济损失率（D12）
		洪涝灾害人口受灾率（D13）
		灾后恢复重建能力（D14）
	休闲活动（C4）	河流景观质量（D15）
		亲水设施完善程度（D16）
		水文化影响力（D17）
	情感认同（C5）	公众水情教育普及度（D18）
		公众河流治理参与度（D19）
		公众河流幸福满意度（D20）

3.4.1.2 构建判断矩阵及一致性检验

在 AHP 中，常使用 1～9 度标度法对各指标进行两两比较，形成数值判断矩阵。AHP 用于计算权重，需要进行一致性检验。一致性简单地说就是决策者在给出多个相关联的决策时前后逻辑是否保持一致，在构建判断矩阵时，决策者有可能会出现逻辑性错误，比如出现重要程度 A>B，B>C，但却又出现 C>A 的情况，因此需要使用一致性检验判断逻辑是否合理。一致性检验是指导修正评价过程中自相矛盾的权重的，由于定性的问题不易进行量化，不能认为一致性越好，这次评价就越好。

一致性检验步骤如下：

(1) 计算判断矩阵 A 的最大特征根及其对应的特征向量。

计算判断矩阵A每行元素的乘积：$m_i=\prod_{j=1}^{n}b_{ij}(i=1, 2, \cdots, n)$。

计算特征向量：$\overline{w}_i=\sqrt[n]{m_i}$。

对其进行归一化处理：$w_i=\frac{\overline{w}_i}{\sum_{i=1}^{n}\overline{w}_i}$。

计算判断矩阵A最大特征根：$\lambda_{\max}=\frac{1}{n}\sum_{i=1}^{n}\frac{(Aw)_i}{w_i}$。则最大特征根对应的特征向量：$w=(w_1,w_2,\cdots,w_n)^{T}$。

（2）计算一致性指标CI。

$$CI=\frac{\lambda_{\max}-n}{n-1} \tag{3.1}$$

其中，n是判断矩阵的阶数。当$CI=0$时具有完全的一致性，CI的值越小其一致性效果越好，CI值越大一致性越差。

（3）计算平均随机一致性指标RI。

平均随机一致性指标RI数值见表3.9。

表3.9　平均随机一致性指标RI

阶数	1	2	3	4	5	6	7	8	9	10
RI值	0.00	0.00	0.52	0.89	1.12	1.26	1.36	1.41	1.46	0.49

（4）计算随机一致性比率CR。

$$CR=\frac{CI}{RI} \tag{3.2}$$

当$CR<0.1$时，则可认为判断矩阵一致性较为满意，否则需要对矩阵进行调整，使其满足$CR<0.1$。

要说明的是，一致性检验只有针对一个具体的决策者才有意义。若采用在众多专家的共同参与的群体决策调查方法，最终结果将根据所有专家的意见决定。此时要认定群体决策所依据的数据是有效的，应使用所有的原始数据，也就是所有参与决策的专家的判断矩阵及其一致性比例数据。只有当所有专家的所有判断矩阵都满足一致性要求时，也就是所有判断矩阵均满足一致性比例（或修正后满足一致性比例），群体决策所依据的数据才能被认为有效。

本研究调查共邀请了在水文水资源、河湖管理、社会科学等研究领域有一定的经验和造诣的学者，根据课题大小共选择来自7个不同地区的24位专家，分别得到24份对于需求层C和指标层D的两两指标对比赋值结果。对专家原始赋值结果构造判断矩阵进行一致性检验，筛选出符合一致性检验的有效数据，最终形成以下判断矩阵，见表3.10和表3.11。

附录中列出了本书所依据的符合一致性检验的判断矩阵原始数据。

表3.10　需求层C指标判断矩阵及指标权重

矩阵名称	判断矩阵						权重	一致性检验
A－C	A	C1	C2	C3	C4	C5		$\lambda_{max}=5.146$ $CR=0.033$
	C1	1.000	2.914	1.575	3.465	2.924	0.371	
	C2	0.343	1.000	1.050	2.119	2.087	0.189	
	C3	0.635	0.952	1.000	3.367	3.073	0.249	
	C4	0.289	0.472	0.297	1.000	1.801	0.104	
	C5	0.342	0.479	0.325	0.555	1.000	0.087	

表3.11　指标层D指标判断矩阵

矩阵名称	判断矩阵						权重	一致性检验
C1－D	C1	D1	D2	D3	D4	D5		$\lambda_{max}=5.087$ $CR=0.019$
	D1	1.000	2.111	2.261	0.530	2.413	0.260	
	D2	0.474	1.000	1.696	0.481	1.800	0.169	
	D3	0.442	0.590	1.000	0.415	1.547	0.127	
	D4	1.887	2.079	2.410	1.000	2.619	0.342	
	D5	0.414	0.556	0.646	0.382	1.000	0.102	
C2－D	C2	D6	D7	D8	D9	D10		$\lambda_{max}=5.131$ $CR=0.029$
	D6	1.000	1.354	0.900	1.037	0.991	0.208	
	D7	0.739	1.000	1.814	1.748	1.264	0.249	
	D8	1.111	0.551	1.000	1.262	1.597	0.207	
	D9	0.964	0.572	0.792	1.000	1.212	0.172	
	D10	1.009	0.791	0.626	0.825	1.000	0.164	
C3－D	C3	D11	D12	D13	D14			$\lambda_{max}=4.051$ $CR=0.019$
	D11	1.000	2.046	1.654	2.159		0.387	
	D12	0.489	1.000	0.981	2.032		0.237	
	D13	0.605	1.019	1.000	1.168		0.217	
	D14	0.463	0.492	0.856	1.000		0.159	

续表

矩阵名称	判断矩阵						权重	一致性检验
C4-D	C4	D15	D16	D17				$\lambda_{max}=3.069$ $CR=0.066$
	D15	1.000	2.797	2.089			0.540	
	D16	0.358	1.000	1.635			0.256	
	D17	0.479	0.612	1.000			0.204	
C5-D	C5	D18	D19	D20				$\lambda_{max}=3.014$ $CR=0.013$
	D18	1.000	1.209	0.800			0.329	
	D19	0.827	1.000	0.942			0.306	
	D20	1.250	1.062	1.000			0.365	

3.4.1.3　层次单排序和层次总排序

用上述方法求得各项指标层次单排序表及一致性检验结果见表3.12。

表3.12　层次单排序表及一致性检验结果

矩阵名称	λ_{max}	CI	RI	CR	一致性检验结果
A-C	5.146	0.037	1.12	0.033	满意一致性
C1-D	5.087	0.022	1.12	0.019	满意一致性
C2-D	5.131	0.033	1.12	0.029	满意一致性
C3-D	4.051	0.017	0.89	0.019	满意一致性
C4-D	3.069	0.035	0.52	0.066	满意一致性
C5-D	3.014	0.007	0.52	0.013	满意一致性

根据以上分析结果，得出层次总排序见表3.13和图3.2、图3.3所示。总排序是指每一判断矩阵各因素对最上层的相对权重。C层的总权重就是其单权重，D层的总权重为$W_i=\sum_{k=1}^{m}b_kW_i^k(i=1, 2, \cdots, 20)$。

表3.13　评价指标权重总排序及权重结果

指标层D	需求层C					D层对A层的总权重
	C1	C2	C3	C4	C5	
	0.371	0.189	0.249	0.104	0.087	
D1	0.260	0.000	0.000	0.000	0.000	0.096
D2	0.169	0.000	0.000	0.000	0.000	0.063
D3	0.127	0.000	0.000	0.000	0.000	0.047
D4	0.342	0.000	0.000	0.000	0.000	0.127

续表

指标层 D	需求层 C					D 层对 A 层的总权重
	C1	C2	C3	C4	C5	
	0.371	0.189	0.249	0.104	0.087	
D5	0.102	0.000	0.000	0.000	0.000	0.038
D6	0.000	0.208	0.000	0.000	0.000	0.039
D7	0.000	0.249	0.000	0.000	0.000	0.047
D8	0.000	0.207	0.000	0.000	0.000	0.039
D9	0.000	0.172	0.000	0.000	0.000	0.032
D10	0.000	0.164	0.000	0.000	0.000	0.031
D11	0.000	0.000	0.387	0.000	0.000	0.096
D12	0.000	0.000	0.237	0.000	0.000	0.059
D13	0.000	0.000	0.217	0.000	0.000	0.054
D14	0.000	0.000	0.159	0.000	0.000	0.040
D15	0.000	0.000	0.000	0.540	0.000	0.056
D16	0.000	0.000	0.000	0.256	0.000	0.027
D17	0.000	0.000	0.000	0.204	0.000	0.021
D18	0.000	0.000	0.000	0.000	0.329	0.029
D19	0.000	0.000	0.000	0.000	0.306	0.027
D20	0.000	0.000	0.000	0.000	0.365	0.032

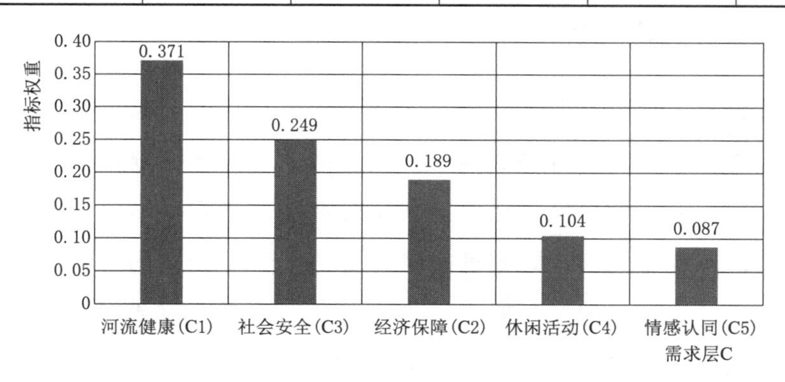

图 3.2 需求层 C 评价指标权重总排序图

利用 AHP 对幸福河评价指标权重进行分析，由表 3.13 和图 3.2、图 3.3 可以看出，需求层中河流健康（C1）的指标权重最大，为 0.371；社会安全（C3）次之，为 0.249，这两个需求对河流幸福度影响较大。20 个指标层指标权重总排序中，河流水质指数（D4）的权重最大，生态流量保障程度（D1）

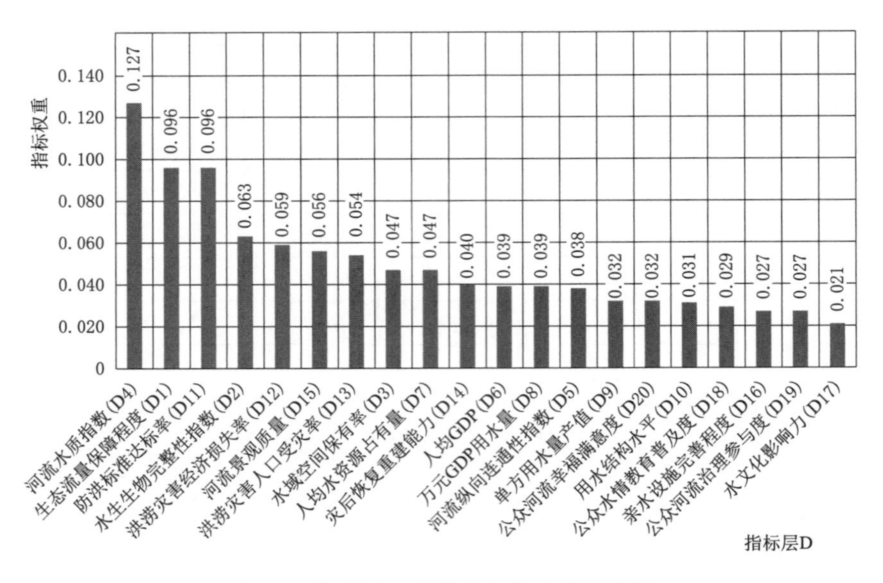

图 3.3　指标层 D 评价指标权重总排序图

次之，说明应加强河流对水质和水量的监测和管理。

其他权重较大的指标还有防洪标准达标率（D11）、水生生物完整性指数（D2）、洪涝灾害经济损失率（D12）、河流景观质量（D15）和洪涝灾害人口受灾率（D13）等。

3.4.2　权重敏感度分析

敏感度分析（Sensitivity Analysis）又称灵敏度分析，是通过计算一个或者多个不确定性因素的变化所导致的评价指标的变化幅度，分析各个因素的变化对实现预期目标的影响程度，从而达到从较高层次进行科学决策的目的。假如存在着很大的不确定性因素，则可能对评价结果产生较大的影响，模型结果就不能作为可靠的决策依据。一般在做决策时，决策者不仅要得到决策结果，还需要对决策结果的稳定性有一定的了解，也就是层次模型中某些要素的变化将会对指标权重产生什么样的影响。这种指标权重结果随某属性权重变化而变化的程度就是敏感度。

在本书中主要讨论打分的专家人数对最终权重结果的影响。由于 AHP 很大程度上依赖于各专家主观判断，所以选取的专家应当熟悉水文水资源及河流保护与管理，有较高权威性和代表性，人数应当适当；对影响河流幸福指数的每项因素的权重均应当向专家征询意见。如果打分专家人数属性发生较小的变化后，指标权重的排序和结果就会发生变化，说明决策结果对打分人数的灵敏度较高，也就是说打分专家中意见有较大的不一致性，此时应扩大专家打分的样本人数，以降低主观上的意见分歧影响。

分别选取专家库中样本数为 12 人、18 人时，计算该样本数下的指标权重，与章节 3.4.1 中计算的总权重（专家库样本数为 24 人）进行对比，结果分别见表 3.14、表 3.15 和图 3.4、图 3.5 所示。

表 3.14　　不同专家库样本数需求层指标权重

需求层要素	专家库样本数为 12 人		专家库样本数为 18 人		专家库样本数为 24 人
	权重	相对偏差/%	权重	相对偏差/%	权重
河流健康（C1）	0.338	8.89	0.350	5.66	0.371
经济保障（C2）	0.174	7.94	0.182	3.70	0.189
社会安全（C3）	0.253	1.61	0.276	10.84	0.249
休闲活动（C4）	0.129	24.04	0.105	0.96	0.104
情感认同（C5）	0.107	22.99	0.087	0.00	0.087

表 3.15　　不同专家库样本数指标层指标权重对比

指标层要素	专家库样本数为 12 人		专家库样本数为 18 人		专家库样本数为 24 人
	权重	相对偏差/%	权重	相对偏差/%	权重
生态流量保障程度（D1）	0.092	4.17	0.093	3.13	0.096
水生生物完整性指数（D2）	0.055	12.70	0.063	0.00	0.063
水域空间保有率（D3）	0.035	25.53	0.041	12.77	0.047
河流水质指数（D4）	0.127	0.00	0.118	7.09	0.127
河流纵向连通性指数（D5）	0.028	26.32	0.035	7.89	0.038
人均 GDP（D6）	0.044	12.82	0.042	7.69	0.039
人均水资源占有量（D7）	0.039	17.02	0.043	8.51	0.047
万元 GDP 用水量（D8）	0.037	5.13	0.038	2.56	0.039
单方用水量产值（D9）	0.026	18.75	0.030	6.25	0.032
用水结构水平（D10）	0.027	12.90	0.028	9.68	0.031
防洪标准达标率（D11）	0.103	7.29	0.102	6.25	0.096
洪涝灾害经济损失率（D12）	0.066	11.86	0.068	15.25	0.059
洪涝灾害人口受灾率（D13）	0.055	1.85	0.068	25.93	0.054

续表

指标层要素	专家库样本数为 12 人		专家库样本数为 18 人		专家库样本数为 24 人
	权重	相对偏差/%	权重	相对偏差/%	权重
灾后恢复重建能力（D14）	0.029	27.50	0.039	2.50	0.040
河流景观质量（D15）	0.067	19.64	0.059	5.36	0.056
亲水设施完善程度（D16）	0.030	11.11	0.024	11.11	0.027
水文化影响力（D17）	0.033	57.14	0.022	4.76	0.021
公众水情教育普及度（D18）	0.038	31.03	0.03	3.45	0.029
公众河流治理参与度（D19）	0.036	33.33	0.026	3.70	0.027
公众河流幸福满意度（D20）	0.033	3.13	0.031	3.13	0.032

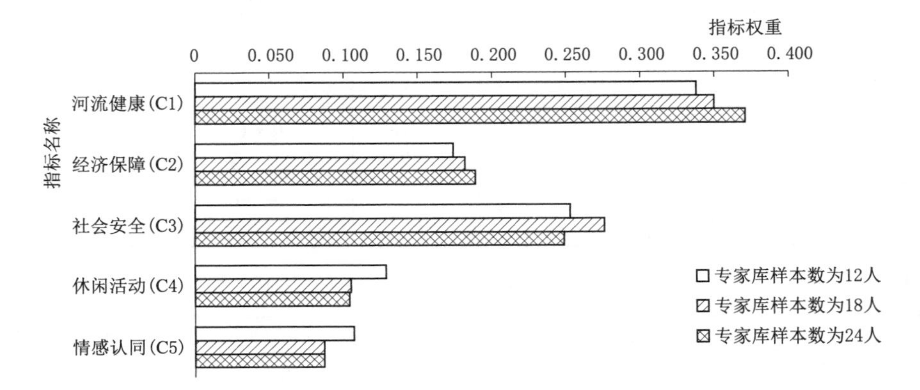

图 3.4　不同专家库样本数需求层指标权重对比

由表 3.14、表 3.15 和图 3.4、图 3.5 可知，当专家库样本数为 12 人时，需求层要素权重排序已趋于稳定，但需求层和指标层要素的样本权重与总体权重的相对偏差仍较大，其中需求层休闲活动需求和情感认同需求的相对偏差高达 20%以上，指标层中有水域空间保有率、河流纵向连通性指数、灾后恢复重建能力、水文化影响力、公众水情教育普及度和公众河流治理参与度 6 个指标相对偏差大于 20%。这说明，此时的样本权重还不能很好地代表总体权重，指标权重结果随打分专家人数变化而变化的程度较大，也即敏感度较高，决策结果不稳定，需要进一步加大专家样本数量。

当专家库样本数为 18 人时，需求层要素的样本权重与总体权重的相对偏差出现明显缩小，除洪涝灾害人口受灾率以外，需求层要素与指标层要素的样本权重相对偏差均低于 20%，则可认为 18 位专家对指标权重的判断意见与 24 位专

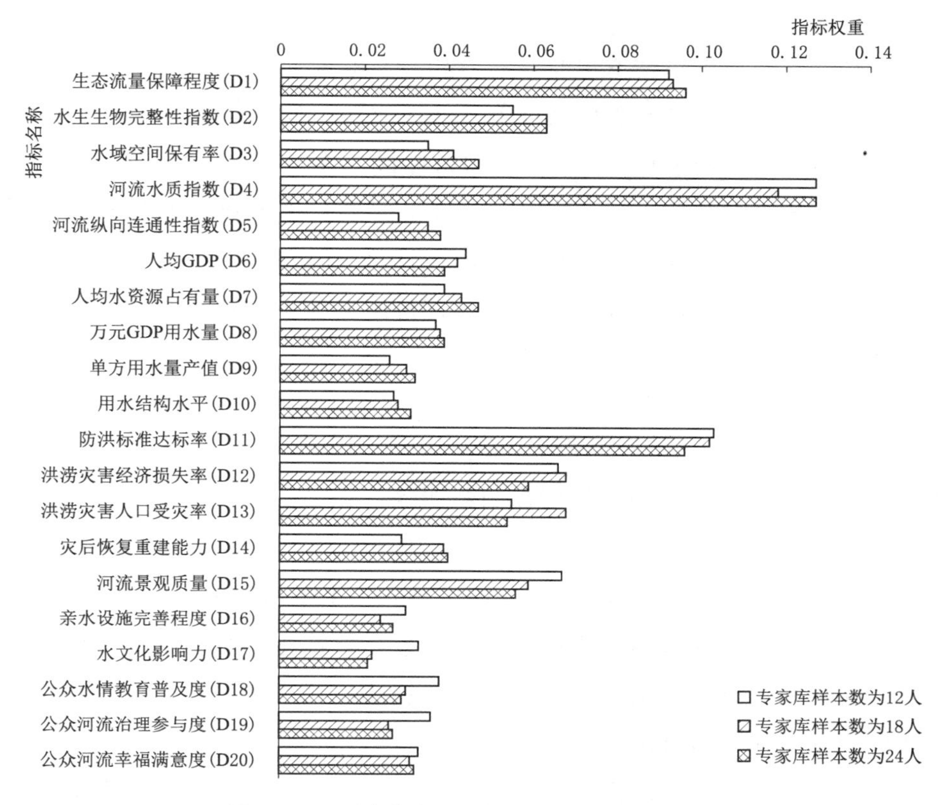

图 3.5　不同专家库样本数指标层指标权重对比

家的意见相差不大，说明当专家数量大于 18 人时，各专家的主观意见对最终权重结果的影响较小，也就是说决策结果对专家数量的灵敏度较低，则认为 24 位专家的意见决策结果稳定，章节 3.4.1 中的权重计算结果作为最终决策结果具有较强的可靠性。

3.5　评价方法的确定

3.5.1　单指标量化

评价指标可分为三大类，第一类是通过查询各统计年鉴公报采集数据计算可得到的定量指标；第二类是通过建立模型再进行二次计算或分析可得到的定量指标；第三类为需要通过发放调查问卷来获得数据再进行分析计算的定性指标。河流健康与社会安全需求下的指标属于第一类指标；经济保障需求下的指标属于第二类指标；休闲活动与情感认同两大需求下的指标属于第三类指标。

由于指标体系所选指标数量较多，且指标类型不同，为了便于进一步分析与比较，需要对不同类型的指标进行单独分别计算。每个指标的量化方法如下，各项指标均以100分制进行打分，第 i 项指标得分统一用 S_{Di} 表示。

（1）生态流量保障程度（D1）。生态流量保障程度即评估河流实测流量是否满足根据河流生态功能确定的生态基流目标流量值，可用流域内符合生态流量标准要求的河流主要控制断面数量占总评价断面数量的比例来表示，主要依据生态基流满足状况进行评价。计算公式为

$$S_{D1}=\frac{Q_S}{Q_E}\times 100 \tag{3.3}$$

式中　Q_S——满足生态流量目标的控制断面数；

Q_E——评价控制断面数。

（2）水生生物完整性指数（D2）。通过建立水生生物评价指标体系，对比水生生物群落结构的现状值和期望值之间的偏差，评估生态系统受到影响和扰动的程度。考虑到鱼类在生态系统中的代表性和重要性，本次评估选择鱼类作为水生生物评估具体指标对象。

根据流域本底资料和数据翔实度，对已经开展过较为系统的鱼类完整性研究，主要采用鱼类完整性指数进行指标值的计算。因汾河流域本底资料缺乏且鱼类完整性研究较少，故采用鱼类保有指数计算水生生物完整性指数，计算公式为

$$S_{D2}=\frac{N_c}{N_h}\times 100 \tag{3.4}$$

式中　N_c——现状调查鱼类种类数量；

N_h——历史参考鱼类种类数量。

（3）水域空间保有率（D3）。水域空间保有率指流域内水域空间（河流、湖泊、水库、滩涂、滩地、沼泽）面积与其历史参考面积的比值。计算公式为

$$S_{D3}=\frac{PA}{ZA}\times 100 \tag{3.5}$$

式中　PA——水域空间（河流、湖泊、水库、滩涂、滩地、沼泽）面积，km^2；

ZA——20世纪80年代水域空间面积，km^2。

（4）河流水质指数（D4）。河流水质指数是指根据相关水质标准规定的评价参数，采用水质类别比例综合表征河流水质状况的无量纲参数。根据Ⅰ～Ⅲ

类水质断面与劣Ⅴ类水质断面占比进行评价，赋分标准见表 3.16。

表 3.16　　河流水质指数 D4 赋分标准表

河流水质情况	赋分
Ⅰ～Ⅲ类水质断面比例≥全国平均比例	100
Ⅰ～Ⅲ类水质断面比例＜Ⅰ～Ⅲ类全国平均比例，且劣Ⅴ类比例＜全国平均比例	80
Ⅰ～Ⅲ类水质断面比例＜Ⅰ～Ⅲ类全国平均比例，且劣Ⅴ类全国平均比例＜劣Ⅴ类比例＜劣Ⅴ类全国平均比例的 2 倍	60
Ⅰ～Ⅲ类水质断面比例＜Ⅰ～Ⅲ类全国平均比例，且劣Ⅴ类全国平均比例的 2 倍≤劣Ⅴ类比例＜劣Ⅴ类全国平均比例的 5 倍	40
劣Ⅴ类比例≥劣Ⅴ类全国平均比例的 5 倍	20

（5）河流纵向连通性指数（D5）。河流纵向连通性指数表示河流内部闸坝等障碍物的数量、类型、规模在空间结构上对于鱼类等生物迁徙、能量及营养物质传递的影响。

计算公式为

$$RCI_j = \frac{\sum_{i=1}^{n} a_i b_i}{L_j} \times 100 \tag{3.6}$$

其中

$$b_i = \frac{b_{L_i} + b_{Q_i}}{2b_{L_i}} = \frac{\dfrac{\sqrt{(L_{ai}/L_j) \times (L_{bi}/L_j)}}{\dfrac{L_{ai}/L_j + L_{bi}/L_j}{2}}}{\alpha b_{Q_i}} = \frac{Q_i/Q_j}{\beta} \tag{3.7}$$

式中　RCI_j——第 j 段河流的纵向连通性指数；

a_i——第 i 种的拦河坝对应的阻隔系数，见表 3.17；

b_i——第 i 种阻隔物的位置修正系数；

b_{L_i}——表征阻隔物位置对本级河流纵向连通性的影响的位置修正因子，表征阻隔物位置对本级河流纵向连通性的影响；

b_{Q_i}——表征阻隔物位置对该河段与所汇入干流之间的连通性影响的位置修正因子，表征阻隔物位置对该河段与所汇入干流（河口）之间的连通性的影响；

L_{ai}——阻隔物距所在河流源头的距离；

L_{bi}——阻隔物距河口（或汇入干流处）的距离；

Q_i——阻隔物处多年平均天然径流量；

Q_j——该河段河口（或汇入干流处）多年平均天然径流量；

α、β——标准化系数，取值分别为0.78和0.50。

表3.17　阻隔系数取值

类型	对鱼类洄游通道阻隔特征	阻隔系数
水库大坝	完全阻隔	1.00
	有过鱼设施	0.50
	有船闸	0.75
引水式水电站		0.50
水闸	部分时间段对鱼类洄游造成阻隔	0.25
橡胶坝	对部分鱼类洄游造成阻隔	0.25

根据全国主要河湖水生态保护与修复规划、全国水资源保护规划等已有成果，结合流域实际，确定主要河流纵向连通性指数的标准化方法，即

$$S_{D5}=\left(\frac{1-RCI_x}{2.5}\right)\times 100 \tag{3.8}$$

当$RCI_x>2.5$时，$S_{D5}=0$。

（6）人均GDP（D6）。人均GDP是衡量地区人民生活水平的标准之一，通过将一个核算期内的地区国内总产值与该地区的常住人口进行比较得出。

人均GDP指标赋分方法为

$$S_{D6}=\text{流域人均GDP/GDP基准值}\times 100 \tag{3.9}$$

其中

$$\text{流域人均GDP}=\text{评价年人均GDP}\times 0.5+\text{多年平均人均GDP}\times 0.5 \tag{3.10}$$

按照2020年世界银行发布的数据，当人均国民总收入（人均GNI）达到12535美元时（换算成人均GDP为12560美元），可认为达到高收入经济体标准。因此，指标基准值取12560美元（折合当年86659元人民币）。

（7）人均水资源占有量（D7）。人均水资源占有量指流域内人口平均占有的水资源量，按流域水资源总量与流域总人口的比值计算，其中，流域水资源总量为评价年水资源总量与多年平均水资源总量的平均值。人均水资源占有量赋分标准见表3.18，按照人均水资源占有量赋分标准表对S_{D7}进行赋分。

表 3.18　　人均水资源占有量赋分标准表

人均水资源占有量/m^3	赋　分	人均水资源占有量/m^3	赋　分
10000	100	500	40
1700	80	0	0
1000	60		

（8）万元 GDP 用水量（D8）。万元 GDP 用水量是国内外现行的衡量用水效率的重要指标之一，而用水效率与国家经济水平关系密切。在区域、城市或行业用水水平综合评价体系中，万元 GDP 用水量经常是一个权重相对较高的指标。万元 GDP 用水量越低，宏观用水效率越高，国家经济水平就越高。

万元 GDP 用水量为用水总量与 GDP 总量的比值，其中 GDP 总量单位为亿元，用水总量单位折算成万 m^3。参考有关研究对联合国粮农组织、世界银行等权威数据源的分析，2020 年，34 个高收入国家万元 GDP 用水量平均值为 26.3m^3，14 个中高等收入国家平均值 76.7m^3，12 个中低等收入国家平均值 424.3m^3，因此基准值取 26.3m^3，指标计算方法为万元 GDP 用水量基准值与流域万元 GDP 用水量的比值。

（9）单方用水量产值（D9）。某一经济行业直接产出系数为该行业单方用水量所生产的产值量或增加值量，可以反映经济行业生产用水的直接经济效益。单方用水量产值表征水资源集约节约利用水平，根据流域国内生产总值与用水量的比值计算。

指标值计算方法：单方用水量产值 GOW 为 10000 除以万元国内生产总值用水量。指标赋分方法为单方用水量产值 GOW 与基准值的比值。若 GOW≥100，则赋分 100。其中，基准值取高收入国家用水水平中位数万美元用水量 130m^3，折合单方水国内生产总值产出 531 元（人民币计）。

（10）用水结构水平（D10）。国民经济行业用水程度是相对的，其衡量的基础可以是当地国民经济系统总体用水水平。各行业用水量占总用水量的比重，可反映当地用水结构水平。

为了反映行业用水量对经济用水特性综合评价指标经济系统影响程度，引进相对用水结构系数指标，相对用水结构系数 RS_j 的计算公式为

$$RS_j = (W_j/W_0)/\left[\left(\sum_{j=1}^{n}(W_j/W_0)/n\right)\right] \tag{3.11}$$

式中　　j——行业序号；

n——行业数；

$W_0 = \sum_{j=1}^{n} W_j$ ——总用水量。

（11）防洪标准达标率（D11）。流域防洪工程达到规划防洪标准的比例，采用堤防防洪标准达标率 RAD_0、河道防洪标准达标率 RAR_0 和蓄滞洪区防洪标准达标率 RAB_0 共3个指标综合评定，权重各占1/3。

堤防防洪标准达标率指流域干流防洪堤防达到相关规划要求防洪标准的长度占规划干流堤防总长度的比例，RAD_0＝达标堤段长度（单位：km）/规划堤防总长度（单位：km）×100％。

河道防洪标准达标率指流域具有防洪功能的可按照设计正常发挥防洪作用的河段长度占治理河段长度的比例，RAR_0＝治理达标有防洪任务河段长度/已治理有防洪任务河段长度×100％。

蓄滞洪区防洪标准达标率指依据防洪规划可正常发挥行蓄滞洪作用的蓄滞洪区数量占流域规划蓄滞洪区总数的比例，主要统计流域内国家蓄滞洪区的情况。RAB_0＝可正常发挥行蓄滞洪作用的蓄滞洪区数量/规划蓄滞洪区总数×100％。

蓄滞洪区防洪标准达标率指标计算方法为

$$S_{D11} = (RAD_0 + RAR_0 + RAB_0)/3 \times 100 \tag{3.12}$$

（12）洪涝灾害经济损失率（D12）。洪涝灾害经济损失率指流域范围内因洪涝灾害直接经济损失占同期该地区GDP的比例。

指标值计算方法：流域范围内因洪涝灾害直接经济损失占同期该地区GDP的比例 ELR_0＝流域范围内评价年洪涝灾害经济损失率×0.5＋流域范围内近5年各年度洪涝灾害经济损失率平均数×0.5。其中，年度洪涝灾害经济损失率＝当年因洪涝灾害直接经济损失（单位：万元）/流域范围内当年GDP（单位：万元）×100％。

指标赋分方法：评价年及近5年无经济损失，即 $ELR_0=0$，$S_{D12}=100$；评价年及近5年 $ELR_0 \geqslant 1.5\%$，$S_{D12}=0$；其他情况按线性插值赋分。洪涝灾害经济损失率的目标基准值为0。

（13）洪涝灾害人口受灾率（D13）。洪涝灾害人口受灾率指流域内因洪涝灾害死亡和失踪人口数占总人口的比例。指标值计算方法：流域内因洪涝灾害死亡和失踪人口数占总人口的比例 FMR_0＝流域范围内近5年各年度洪涝灾害人员死亡率平均数。其中，年度洪涝灾害人员死亡率＝当年洪涝灾害死亡失踪总人口数（单位：人）/流域范围内当年总人口数（单位：百万人）×100%。

近5年无死亡失踪人口，即 FMR_0 为0，$S_{D13}=100$；近5年，$FMR_0 \geqslant 5$（人/百万人），$S_{D13}=0$；其他情况按线性插值赋分。

（14）灾后恢复重建能力（D14）。灾后恢复重建能力指发生洪涝灾害后经抢险救援和灾后恢复行动使受影响区域人民生产生活恢复到有序状态的能力。根据具体情况进行打分赋值。

（15）河流景观质量（D15）、亲水设施完善程度（D16）、水文化影响力（D17）、公众水情教育普及度（D18）、公众河流治理参与度（D19）、公众河流幸福满意度（D20）根据调查问卷结果进行分析计算。

3.5.2 多指标综合

获取各个指标计算结果之后，通过加权计算，可分别算出5个需求层的值，即河流健康指数（EHI）、经济保障指数（ESI）、社会安全指数（SSI）、休闲活动指数（LAI）、情感认同指数（EII），具体计算公式为

$$EHI=\sum_{i=1}^{n_1} w_i S_1^i \tag{3.13}$$

$$ESI=\sum_{i=1}^{n_2} w_i S_2^i \tag{3.14}$$

$$SSI=\sum_{i=1}^{n_3} w_i S_3^i \tag{3.15}$$

$$LAI=\sum_{i=1}^{n_4} w_i S_4^i \tag{3.16}$$

$$EII=\sum_{i=1}^{n_5} w_i S_5^i \tag{3.17}$$

式中 $n_1 \sim n_5$——代表5个需求层中评价指标的个数；

w_i——各需求层中该指标的权重；

$S_1 \sim S_5$——表示各需求层中第 i 个指标计算后的值。

3.5.3 多准则集成

通过分析各指标与领域层的关系，进而根据多准则集成的综合方法可以算出对应准则层的值，各准则层用健康指数（HEC）、需求指数（DMC）、体验

指数（EPC）表示，计算公式为

$$HEC = \alpha_1 EHI \tag{3.18}$$

$$DMC = \alpha_2 ESI + \alpha_3 SSI \tag{3.19}$$

$$EPC = \alpha_4 LAI + \alpha_5 EII \tag{3.20}$$

式中　$\alpha_1 \sim \alpha_5$——3个准则层下的5个需求层对应的权重。

最后，将3个准则层结果进行最后一次的加权计算，得到最终河流幸福指数（RHI）的分值，计算公式为

$$RHI = \beta_1 HEC + \beta_2 DMC + \beta_3 EPC \tag{3.21}$$

式中　$\beta_1 \sim \beta_3$——目标层下的3个准则层对应的权重。

3.6　评价标准的确定

划分河流幸福等级的目的不仅在于评分和对比，而是要找出不幸福的因素，以便有目的性、针对性地管理河流。

借鉴《世界幸福报告》及国民幸福总值GNH划分标准，幸福河评价采用分级评分法，综合计算河流幸福指数（RHI），用［0，100］这个区间表示研究区域幸福程度，从0～100划分为5个等级，具体划分标准见表3.19。对于每个评价指标来说，也有相对应的等级标准，从优秀到很差一共分为5个等级，见表3.20。

表3.19　河流幸福指数（RHI）分级标准表

河流幸福指数（RHI）幸福等级	得分范围	河流幸福指数（RHI）幸福等级	得分范围
很幸福	[90，100]	较不幸福	[60，70)
较幸福	[80，90)	很不幸福	[0，60)
一般幸福	[70，80)		

表3.20　河流幸福指数（RHI）评价指标分级标准表

评价指标等级	得分范围	评价指标等级	得分范围
优秀	[90，100]	较差	[60，70)
良好	[80，90)	很差	[0，60)
一般	[70，80)		

3.7 本章小结

本章基于构建指标体系的基本原则，结合研究区域的实际背景及专家意见，构建了目标层—准则层—需求层—指标层四级层次结构的幸福河评价指标体系，选取了五大需求下20个不同特性的指标。

基于层次分析法与专家打分法确定了各个评价指标的权重。借鉴相关的研究成果，结合研究区的实际情况，拟定了各个指标的评价标准，将河流的幸福等级划分为5个等级，以便对河流幸福指数进行综合评价。

第4章　研究区概况

4.1　自然概况

4.1.1　地理位置

“管涔之山，汾水出焉，浩浩汤汤，流经千里”，汾河是黄河第二大支流，也是山西省最大的河流，被誉为“山西的母亲河”。流域面积3.95万km^2，占山西省国土总面积的25.3%。干流长716km，南北长412.5km，东西宽188km。汾河流域位于山西省中部和西南部，东隔云中山、太行山、太岳山与海河水系为界；西隔芦芽山、吕梁山与黄河干流为界，东南有太岳山与沁河为界，北隔芦芽山与桑干河同源；南以孤山、稷王山与涑水河为界。干流穿越忻州市、太原市、晋中市、吕梁市、临汾市、运城市6个地级市，最终在万荣县庙前村附近汇入黄河。

4.1.2　地形地貌

流域西部吕梁山脉的芦芽山、野鸡山、关帝山、棋盘山、五鹿山、石头山等，山岭绵延，构成长达300多km的分水岭，与黄河北干流东面的一系列支流为界；东部以北部五台山支脉云中山和系舟山的主峰、往南以太行山支脉太岳山主峰霍山及灵空山、草峪岭、云台山等为分水岭，与省境内的漳河水系和黄河支流沁河为界；南端以中条山、万荣孤山和稷王山为分水岭，与黄河支流涑水河为界。

汾河流域地形DEM图如图4.1所示。地势北高南低、东高西低，以南北长、东西窄的不规则带状展布于山西省境域的中部。在流域东部和西部的分水岭上，是地形险峻的石质山区；在中央的河谷盆地，覆盖着厚薄不一的大片黄土，地形相对平坦，展示出山西黄土高原独特的地貌形态；河谷盆地和高山间的过渡带是黄土塬面；在降水径流的侵蚀、冲刷和切割作用下，发育出连绵的沟壑地貌。自东西两大山系分水岭至干流河谷盆地底部，地貌形态依序为石质山地、土石山地、黄土峁梁塬、黄土丘陵阶地和平川河谷。

4.1.3 河流水系

汾河发源于神池县太平庄乡西岭毛家皂，沿途汇入众多支流，其中面积大于 $50km^2$ 的支流有 83 条，大于 $500km^2$ 的支流有 16 条，大于 $1000km^2$ 的有 9 条。汾河流域水系图如图 4.2 所示。

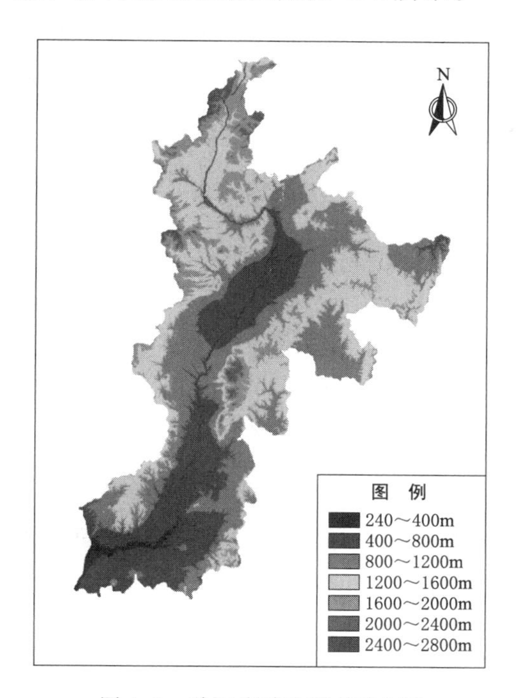

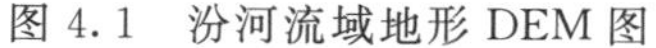
图 4.1 汾河流域地形 DEM 图

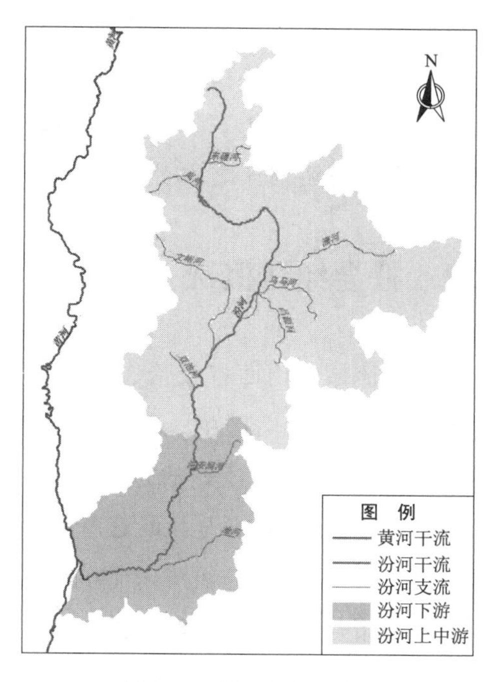

图 4.2 汾河流域水系图

习惯上按自然特征将汾河分为上游、中游、下游三段。上游为太原市尖草坪区兰村以上，中游为兰村至洪洞石滩，下游为石滩至入黄口。各段水系概况如下：

(1) 汾河上游段自河源至太原市兰村烈石口，河道长 217km，流域面积 0.78 万 km^2。本段河流属山区性河流，主要干流在河谷间蜿蜒曲折，河谷深度在 100～200m，河道纵坡 4.4‰。上游主要支流有洪河、西碾河、东碾河、岚河等。汾河水库是山西省最大的水库，位于上游段中部、娄烦县下石家庄附近。汾河水库上游的支流东碾河和岚河流域水土流失严重，是水库泥沙的主要来源。

（2）汾河中游段自兰村至洪洞县石滩，河道长267km，流域面积2.05万km^2。主干流经太原盆地和灵霍峡谷，为一条盆地平原性河流。河道宽度从150～300m不等，太原市河段最宽1500m；河道纵坡平均1.7‰。本段河道汇入的较大支流有潇河、乌马河、文峪河、昌源河等，支流较多，坡度平缓，洪水时排泄不畅，因此中游段是汾河干流的重点防洪河段。汾河灌区位于中游段，是山西省最大的自流灌区。

（3）汾河下游段自洪洞石滩至入黄口，河长232km，流域面积1.13万km^2。本段河道汇入的较大支流有涝河、洰河、滏河、洪安涧河、浍河等。由于河流蜿蜒曲折，流动不平稳，导致河床摆动、凹岸塌陷，岸蚀作用强烈。下游段最为平缓，河道纵坡1.3‰。入黄口段河道常发生黄河倒灌顶托现象，致使大量泥沙淤积在下游河床之中。

4.2 社会经济概况

汾河流域为山西省政治、经济、文化中心，省会太原市位于该流域。流域包括忻州、太原、晋中、吕梁、临汾、运城、阳泉、长治、晋城9市51个县（市、区），值得注意的是，虽然，阳泉市、长治市、晋城市的部分县（市、区）也位于汾河流域内，但这些地区的面积相对较小，仅占整个流域面积的1.5%左右，因此社会经济未予统计。汾河流域一般以上中游、下游分区，主要涉及的地市与县（市、区）见表4.1。

表4.1 汾河流域分区涉及地市与县（市、区）

分区	地市	县（市、区）
上中游	忻州市	静乐县、宁武县
	太原市	古交市、娄烦县、清徐县、尖草坪区、万柏林区、杏花岭区、迎泽区、晋源区、小店区、阳曲县
	吕梁市	汾阳市、交城县、交口县、岚县、文水县、孝义市
	晋中市	和顺县、介休市、灵石县、平遥县、祁县、寿阳县、太谷区、昔阳县、榆次区、榆社县

续表

分区	地市	县（市、区）
上中游	临汾市	霍州市、汾西县
下游	临汾市	洪洞县、浮山县、古县、侯马市、曲沃县、乡宁县、襄汾县、尧都区、翼城县
	运城市	河津市、稷山县、绛县、万荣县、闻喜县、新绛县

为方便统计，汾河流域经济概况采用忻州、太原、晋中、吕梁、临汾、运城6地市数据。2021年，汾河流域所在6地市行政区常住人口2346.44万人，其中城镇人口1466.11万人，农村人口880.33万人，城镇化率62.48%。地区生产总值14343.39亿元，其中第一产业905.74亿元、第二产业6853.26亿元、第三产业6584.39亿元，第一产业、第二产业、第三产业比例为6.30%、47.78%、45.91%，第二产业产值占比最大。人均地区生产总值61128元。农作物总播种面积238.99万hm^2，其中粮食播种面积194.20万hm^2。粮食产量957.48万t，农林牧渔业总产值1513.89亿元。

近年来第一产业增加值占比变化不大，2021年第二产业增加值明显上升，第三产业增加值呈下降态势，汾河流域行政区2016—2021年产业增加值变化情况如图4.3所示。

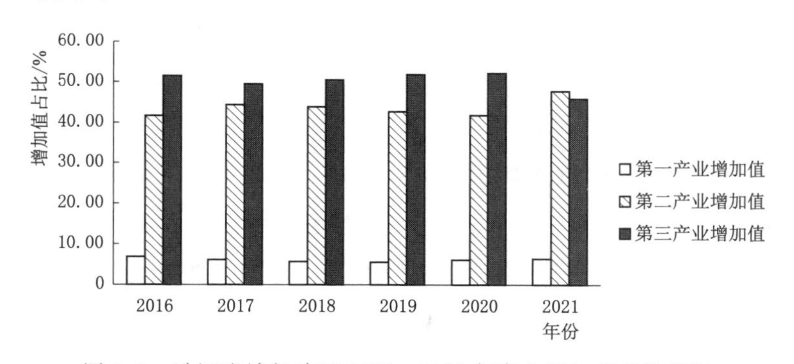

图4.3 汾河流域行政区2016—2021年产业增加值变化情况

4.3 水资源及开发利用

4.3.1 水资源量

2017—2021年汾河流域水资源概况见表4.2。

表 4.2　　2017—2021 年汾河流域水资源概况表　　单位：亿 m^3

年份	年降水量	地表水资源量	地下水资源量	重复计算量	水资源总量
2017	239.67	23.77	28.92	14.67	38.02
2018	196.37	22.07	26.56	14.57	34.06
2019	177.93	15.86	23.56	11.17	28.24
2020	232.15	21.85	26.62	11.89	36.58
2021	294.33	32.30	34.41	14.83	51.88

2021 年汾河流域年降水量 294.33 亿 m^3，平均雨深 739.0mm，同比增加 26.8%，属丰水年；与多年均值相比增加了 45.2%。全流域水资源总量为 51.88 亿 m^3，占全省水资源总量的 33.28%；同比增加 37.8%，较多年平均值增加了 5.7%。其中，地表水资源量为 32.30 亿 m^3，同比增加 47.8%，较多年平均值增加了 79.0%；地下水资源量为 34.41 亿 m^3，地表水与地下水资源量重复计算量为 14.83 亿 m^3。流域产水系数为 0.18，产水模数为 13.03 万 m^3/km^2。

4.3.2 水资源开发利用

2021 年汾河流域供水总量为 27.12 亿 m^3，其中地表水供水量 13.12 亿 m^3，地下水供水量 11.00 亿 m^3，其他水源供水量 3.00 亿 m^3。流域用水总量为 27.12 亿 m^3，其中农业用水 13.75 亿 m^3，工业用水 4.99 亿 m^3，生活用水 6.44 亿 m^3，生态环境用水 1.94m^3。

2021 年汾河流域上中游人均用水量 181m^3，耕地灌溉亩均用水量 182m^3/亩，城镇生活人均用水量 141L/d，农村生活人均用水量 96L/d。汾河流域下游人均用水量 250m^3，万元 GDP 用水量 67.6m^3/万元，耕地灌溉亩均用水量 190m^3/亩，城镇生活人均用水量 128L/d，农村生活人均用水量 62L/d。

2017—2021 年汾河流域供、用水量分别见表 4.3、表 4.4。

表 4.3　　2017—2021 年汾河流域供水量表　　单位：亿 m^3

年份	地表水	地下水	其他水源	供水总量
2017	16.27	12.02	2.17	30.45
2018	16.98	11.70	2.17	30.60
2019	17.70	11.14	2.24	31.08
2020	15.58	10.92	2.85	29.35
2021	13.12	11.00	3.00	27.12

表 4.4　　2017—2021 年汾河流域用水量表　　单位：亿 m^3

年份	农业用水	工业用水	生活用水	生态环境	用水总量
2017	17.86	5.56	5.73	1.31	30.45
2018	17.20	5.80	6.07	1.54	30.60
2019	16.75	5.77	6.21	2.36	31.08
2020	15.46	5.25	6.36	2.28	29.35
2021	13.75	4.99	6.44	1.94	27.12

4.3.3　汾河流域供水体系

目前，在汾河流域已建成汾河水库、汾河二库、柏叶口水库、文峪河水库4座大型水库、13座中型水库，地表水开发利用率已达到80%。此外，还建成了万家寨引黄工程、禹门口引黄工程，正在建设的中部引黄工程也即将通水，汾河流域供水体系基本形成，如图4.4所示。

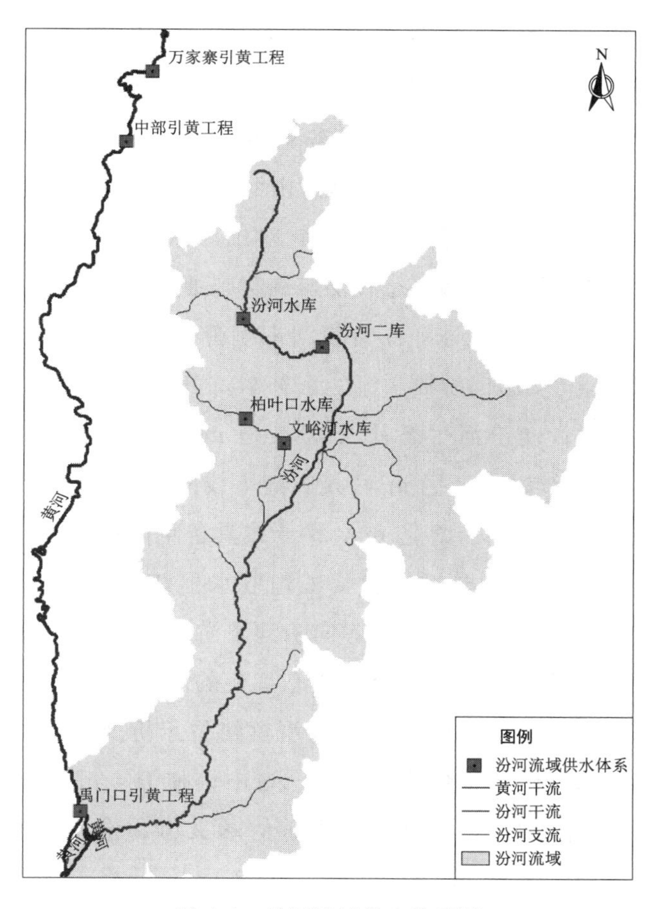

图 4.4　汾河流域供水体系图

主要供水工程如下：

（1）汾河水库。汾河水库总库容7.33亿m^3，为山西省最大的水库，主要任务为太原市防洪、汾河灌区150万亩灌溉用水、调节万家寨引黄工程南干线向太原市供水和汾河干流生态水量，本流域多年平均来水量2.59亿m^3。

（2）汾河二库。汾河二库总库容1.33亿m^3，主要任务为太原市防洪。汾河水库向汾河灌区供水和万家寨引黄生态补水均通过汾河二库下泄，汾河水库至汾河二库区间来水量不大。

（3）柏叶口水库和文峪河水库。柏叶口水库总库容1.01亿m^3，文峪河水库总库容1.17亿m^3，均位于汾河最大的一级支流文峪河上，主要任务为吕梁市交城、文水、汾阳、孝义城市供水和文峪河灌区51.2万亩灌溉，没有能力为汾河干流提供生态水量。

（4）万家寨引黄工程。引黄工程是一项能够从源头上缓解山西缺水问题、推动山西经济社会与生态环境的可持续发展的一项大规模的跨区调水项目，对于支撑我国新能源新化工基地建设也具有重要意义。万家寨引黄工程是山西省2002年建成的大型调水工程，其施工任务繁重，技术难点突出，被世界银行专家称为“具有挑战性的世界级工程”。是对山西有重大意义的大型跨流域引水工程、山西省有史以来最大的水利工程，是针对山西水情状况做出的重大决策。

根据《汾河流域上下游横向生态补偿机制实施细则（试行）》（晋环发〔2021〕55号）和省水利厅相关调度要求，结合汾河中上游工业、农业用水需求，万家寨水务控股集团有限公司实施向汾河干流生态补水。自2008年以来至2022年6月，万家寨引黄工程已累计向汾河生态补水20.6亿m^3，相当于144个西湖的水量。设计黄河万家寨水库年取水12亿m^3，其中南干线向太原年供水能力6.4亿m^3。目前，总干线具备年供水能力12亿m^3，南干线具备年供水能力6.4亿m^3。

（5）禹门口引黄工程。禹门口引黄工程取水枢纽位于河津市黄河干流上，工程从黄河干流取水，通过多级提水，向汾河下游的运城、临汾两市10个县市供水，具备向汾河下游新绛县以下提供生态基流的能力。

（6）中部引黄工程。中部引黄工程取水枢纽位于忻州市保德县黄河干流天桥水电站库区，供水范围包括忻州、吕梁、晋中、临汾4市16个县（市、区）。设计供水能力6.02亿m^3，可通过汾河中游的孝义市和汾河下游的汾西县向汾河流域提供生态基流。

第5章 山西省汾河流域河流幸福指标评估分析

根据本书第3.5节所述单指标量化计算方法，分别对河流健康、经济保障、社会安全、休闲活动及情感认同各需求层的20个指标进行逐一计算分析。

5.1 河流健康需求层指标评估

5.1.1 生态流量保障程度（D1）

本书选择汾河水库、兰村、义棠、柴庄与河津水文站作为典型断面，断面位置如图5.1所示。

根据汾河干支流各水文站1980—2016年的天然实测流量系列资料，汾河流域水资源开发利用率超过80%，属资源型缺水地区；汾河流域按其自然特征与径流规律，一般划分6—9月为汛期，1—5月、10—12月为非汛期。生态基流计算依据《河湖生态环境需水计算规范》（SL/Z 712—2014），主要支流非汛期生态流量不小于天然径流量的10%，汛期生态流量不小于天然径流量的20%，作为相应月份的生态流量，见表5.1。

表5.1 汾河干流实测及规范要求生态流量 单位：m^3/s

评价断面	现状		规范要求			
			满足生态基本需求		满足生态良好需求	
	非汛期	汛期	非汛期	汛期	非汛期	汛期
汾河水库	4.80	4.80	0.60	1.90	1.30	2.80
兰村（尖草坪）	2.00	2.00	0.80	2.20	1.60	3.30

续表

评价断面	现　状		规　范　要　求			
			满足生态基本需求		满足生态良好需求	
	非汛期	汛期	非汛期	汛期	非汛期	汛期
义棠（介休）	1.20	3.80	1.70	9.50	3.40	14.20
柴庄（襄汾）	3.00	4.50	3.20	11.50	6.40	17.30
河津	0.80	1.10	3.60	12.10	7.20	18.20

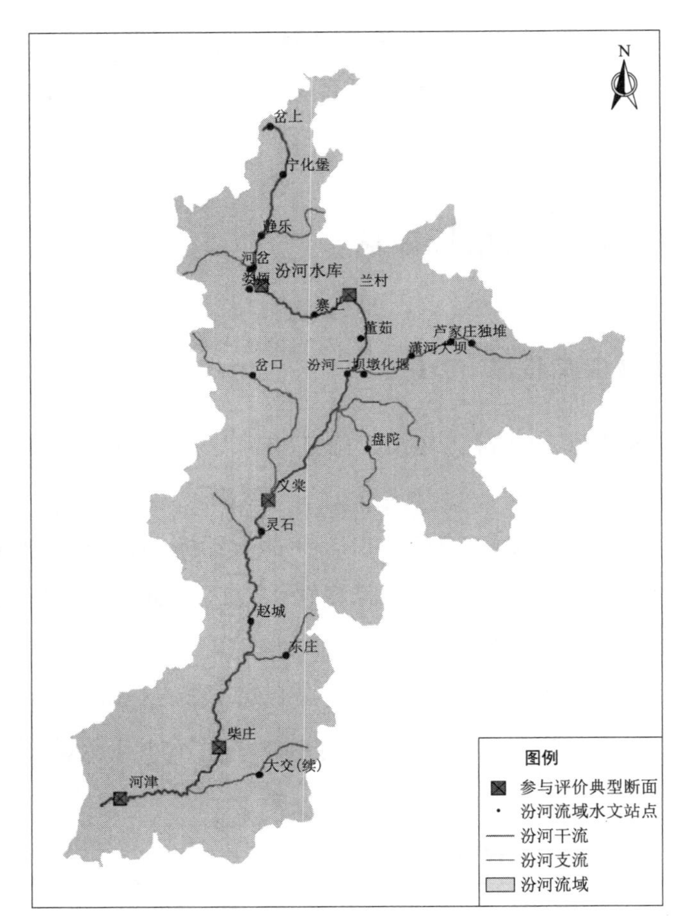

图 5.1　参与本次评价典型断面位置图

汾河水库评价断面可在汛期与非汛期满足生态基本需求和生态良好需求；兰村评价断面可在非汛期分别满足生态基本需求和生态良好需求；其他断面均无法达到汛期和非汛期生态流量要求。因此，D1 取值 30.00 分。

5.1.2 水生生物完整性指数（D2）

鱼类资源状况的好坏，是探讨历史水资源环境的重要指标。山西省在过去几年中，由于水体污染、水工建筑建设和过度捕捞等原因，水产养殖规模不断扩大，曾导致了该地区水生生物多样性降低，主要经济鱼类数量减少，鱼类的分布格局有了明显的改变。

2008—2011 年，山西省组织开展了一次规模较大的渔业资源调查工作，对山西省主要水生生物的种类、数量和分布情况进行了调查，对水生生物保护现状进行了全面评估。

综合现有汾河流域鱼类相关调研和研究，结合历史资料，山西省主要河流共有鱼类 95 种，分属 8 目 14 科；汾河共有鱼类 31 种，分属 6 目 9 科。现有种类 23 种，上游河段分布较多，中下游分布较少。相对于历史数据，汾河流域现状鱼类多样性较低，产卵场和种类有所降低，许多河段仅剩少量小型鱼类。经计算，D2 得 74.19 分。

5.1.3 水域空间保有率（D3）

根据中国科学院资源环境科学数据中心中国土地利用现状遥感监测数据库。数据库包含有 1980—2015 年内七期数据，以各期 Landsat TM/ETM 遥感影像为主要数据源。数据空间分辨率为 1km，土地利用类型一级类型分耕地、林地、草地、水域、居民地和未利用土地，下分 25 个二级类型。

1980 年和 2015 年汾河流域土地利用图如图 5.2 所示，1980 年和 2015 年汾河流域土地利用面积见表 5.2。1980 年汾河流域水域用地 459km^2，2015 年汾河流域水域用地 457km^2，略有减少但基本保持不变，水域空间保有率 D3 得 99.56 分。

表 5.2　　1980 年和 2015 年汾河流域土地利用面积　　单位：km^2

代码	名　称	1980 年		2015 年	
		上中游	下游	上中游	下游
11	水田	24	10	26	7
12	旱地	12761	8091	12479	8019
21	有林地	5167	1925	5107	1915

续表

代码	名　称	1980年		2015年	
		上中游	下游	上中游	下游
22	灌木林	5602	768	5551	763
23	疏林地	2159	478	2135	474
24	其他林地	100	25	148	33
31	高覆盖度草地	2446	1095	2496	1105
32	中覆盖度草地	3613	323	3585	314
33	低覆盖度草地	5718	1175	5635	1155
41	河渠	71	58	71	44
43	水库坑塘	52	20	90	23
46	滩地	122	129	110	112
51	城镇用地	264	79	431	126
52	农村居民点	628	549	694	609
53	其他建设用地	67	27	237	75
64	沼泽地	2	5	2	5
66	裸岩石砾地	3	0	5	0

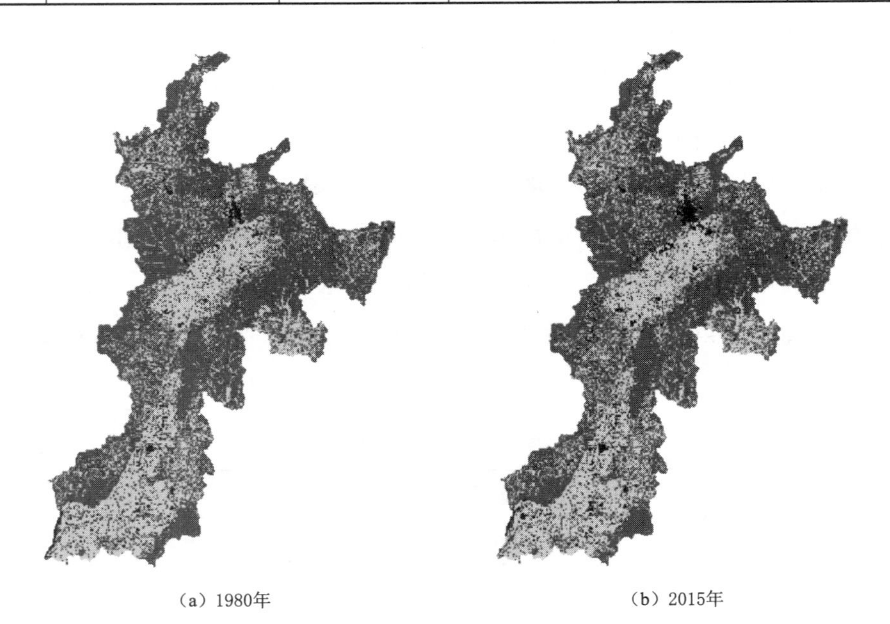

(a) 1980年　　(b) 2015年

图5.2　1980年和2015年汾河流域土地利用图

5.1.4 河流水质指数（D4）

根据山西省生态环境厅地表水水质月报、山西省人民政府网站关于汾河流域治理情况的有关数据。2021年汾河27个监测断面，主要污染指标为氨氮、总磷、化学需氧量、生化需氧量和石油类。河流水质类别评价采用《地表水资源质量评价技术规程》(SL 395—2007）规定的方法。

根据《地表水环境质量标准》(GB 3838—2002)，汾河发源地雷鸣市水质标准为Ⅰ类，川胡屯到迎泽桥段水质标准为Ⅲ类，小店桥到庙前村段水质标准为Ⅴ类。

2021年1—12月汾河水质断面占比见表5.3，2021年全国地表水总体水质状况见表5.4。

表5.3　2021年1—12月汾河水质断面占比

月份	水质状况	监测断面数量/个	Ⅰ～Ⅲ类水质断面占比/%	Ⅳ、Ⅴ类水质断面占比/%	劣Ⅴ类水质断面占比/%	主要污染指标
1	中度污染	15	53.30	20.00	26.70	氨氮、总磷、化学需氧量
2	轻度污染	16	68.80	31.30	0.00	氨氮、化学需氧量、总磷
3	轻度污染	16	56.20	25.00	18.80	化学需氧量、高锰酸盐指数、生化需氧量、氨氮
4	轻度污染	25	44.00	48.00	8.00	化学需氧量、生化需氧量、高锰酸盐指数
5	轻度污染	25	40.00	52.00	8.00	化学需氧量、生化需氧量、高锰酸盐指数
6	轻度污染	25	36.00	60.00	4.00	化学需氧量、高锰酸盐指数、生化需氧量
7	轻度污染	25	40.00	56.00	4.00	化学需氧量、生化需氧量、总磷
8	轻度污染	25	24.00	72.00	4.00	化学需氧量、高锰酸盐指数、生化需氧量
9	轻度污染	25	36.00	60.00	4.00	化学需氧量、生化需氧量、高锰酸盐指数
10	轻度污染	20	30.00	65.00	5.00	氨氮、总磷、化学需氧量
11	轻度污染	22	40.90	45.50	13.60	化学需氧量、氨氮、生化需氧量
12	轻度污染	25	48.00	52.00	0.00	化学需氧量、氨氮、生化需氧量
平均	轻度污染	/	41.66	51.14	7.20	

注　均值计算按照实际断面数量计算，先分别计算每个月某水质的实际断面数，然后用实际断面总数除以年总断面数作为平均列数据。

表5.4　　2021年全国地表水总体水质状况

月份	水质状况	监测国考断面数量/个	Ⅰ～Ⅲ类水质断面占比/%	Ⅳ、Ⅴ类水质断面占比/%	劣Ⅴ类水质断面占比/%
1	良好	3284	82.70	15.00	2.30
2	良好	3323	83.50	14.90	1.70
3	良好	3397	83.20	14.70	2.10
4	良好	3537	79.80	18.20	2.00
5	良好	3573	79.40	18.50	2.20
6	良好	3576	76.70	21.30	2.10
7	良好	3544	71.80	25.70	2.50
8	良好	3542	73.50	24.90	1.40
9	良好	3580	77.60	20.50	1.80
10	良好	3552	81.80	16.90	1.20
11	良好	3511	88.20	10.70	1.10
12	良好	3456	89.10	9.90	1.00
平均	良好	/	80.54	17.67	1.78

注　均值计算按照实际断面数量计算，先分别计算每个月某水质的实际断面数，然后用实际断面总数除以年总断面数作为平均列数据。

2021年，汾河上中游河段监测断面达标数较高，但下游河段的污染仍较严重。总体来看汾河流域Ⅰ～Ⅲ类水质断面占比41.66%，全国地表水总体Ⅰ～Ⅲ类水质断面占比80.54%；汾河流域劣Ⅴ类水质断面占比7.20%，全国地表水总体劣Ⅴ类水质断面占比1.78%。因此，汾河流域满足表3.16中Ⅰ～Ⅲ类水质断面比例＜Ⅰ～Ⅲ类全国平均比例，且劣Ⅴ类全国平均比例的2倍≤劣Ⅴ类比例＜劣Ⅴ类全国平均比例的5倍的情况，D4取值40.00分。

5.1.5　河流纵向连通性指数（D5）

河湖水系连通是新时期治水新方略，相关理论技术研究正处于探索阶段。河湖水系连通性在空间层面分为纵向连通性、横向连通性和垂向连通性。河流纵向连通性既包含水流连续性，也包含生物学过程连续性，连通河段长度与阻隔程度2个因素对纵向连通性影响较大；连通河段长度越大、阻隔程度越低，越有利于鱼类及其他水生生物存活、洄游和迁移。河流连通性在生态水文格局中具有重要的指征作用，各个维度之间存在联系并不断地对生态水文系统过程产生作用。

据中国水利水电科学研究院现有研究成果显示，依据2010年水利普查数据中的河流拦河建筑物信息，并根据现状情况进行补充和修正，基于传统阻隔系数法计算的汾河纵向连通性指数为0.53，基于改进阻隔系数法计算得汾河纵向连通性指数为0.54，评价等级属于“中（0.5～0.8）”，D5得78.40分。

5.2 经济保障需求层指标评估

河流水系对区域的社会、经济等各个方面都有一定的影响，它们之间并非相互孤立，而是相互制约、相互作用的。可计算一般均衡（computable general equilibrium，CGE）模型可广泛应用于对政策执行效果的综合评价，具有明确的因果关系和清晰的行为机制，很多国家利用这一模型对各项政策改革可能产生的效果进行了评价。CGE模型可以将宏观变量和微观变量进行有机结合，能够反映外生变量与内生变量之间的关系，动态反映其对宏观经济的影响。CGE模型通过设定政策场景，对外生冲击或政策变动导致的经济系统变量的变动进行分析。

因此，针对山西省汾河流域幸福河评价中经济保障下的需求层，本节运用CGE模型，基于社会经济系统的整体性，全面系统对山西省汾河流域的综合社会经济影响展开评估，建立流域投入产出模型以及流域引黄入晋调水政策模拟的一般均衡模型，主要内容有投入产出模型构建、基本参数率定、基准情景设置及政策情景设置等部分。

5.2.1 一般均衡模型理论

5.2.1.1 概念及研究进展

CGE模型起源于法国经济学家里昂·瓦尔拉斯（Léon Walras）的一般均衡理论。全球第一个CGE模型由挪威经济学家利夫·约翰森（Leif Johensan）在1960年提出。一般均衡理论要求须满足零利润、市场出清、收支均衡3个条件，即生产部门不存在超额利润、市场不存在超额需求、支出不能大于收入。CGE模型的构造也相应地包含三组方程，即供给部分、需求部分和供需关系，模型的本质就是以大量线性或非线性方程组描述和反映经济系统的供给、需求和供需关系，在一系列给定的约束条件下对这组方程进行求解。

之后的CGE模型逐步发展并被运用到许多领域，并开始在水资源问题研究中进行应用。在水资源领域，对于水与环境和社会经济之间复杂关系的研究，CGE模型提供了一个较为理想的研究工具，可在分析大型水利工程对经济、社会、文化、政治等各方面的影响上得到较好的应用。在水资源价格、水资源配置、水市场、水权交易及水政策等问题的研究中，都可以把水作为一种约束条件、生产要素、中间投入品或者直接作为一个部门纳入CGE模型中，构建应用于水资源问题研究的CGE模型，探讨特定的水资源问题与社会经济系统之间的相互作用。

在CGE模型的应用方面，王克强采用多区域CGE模型，分析了中国农业用水效率政策，考察了水资源税政策对国民经济的影响；黄凤羽应用CGE模型测算了我国水资源税税负的合理区间，估算了水资源税的负担。王勇基于CGE模型计算了张掖市工农业生产的边际水价，考察供水变化对张掖市社会经济产生的影响；马静应用多区域CGE模型，探索了多功能的大型水电项目在社会经济上的效益；严冬建立了北京市CGE模型，考察水价改革对价格水平、生产、用水量和水费收入的影响；秦长海对海河流域水资源定价方法开展了研究；李昌彦对江西省水资源政策进行了模拟分析。

5.2.1.2　基本结构

模型的基本经济单元由生产者、消费者、政府与国外经济组成。CGE模型的基本结构主要包括生产行为、消费行为、政府行为、外贸、市场均衡5个经济单元。

投入产出表是水资源投入产出表及其模型的研究基础，为一种棋盘式平衡表，投入产出行模型是根据投入产出表的横栏而建立。按照总产出＝中间产出＋最终产出的平衡关系，则有

$$X_i = \sum_{j=1}^{N} x_{i,j} + Y_i \tag{5.1}$$

式中　X_i——第 i 部门的总产出；

$\sum_{j=1}^{N} x_{i,j}$——第 i 部门提供的中间产出，提供给各部门使用；

Y_i——第 i 部门的最终产出。

通常情况下可引入直接消耗系数指标来说明各经济部门之间的单位消耗关系。直接消耗系数又称中间投入系数或技术系数，计算公式为

$$a_{i,j}=\frac{x_{i,j}}{X_j} \tag{5.2}$$

式中 i——产出部门所在行的位置；

j——投入部门所在列的位置；

$a_{i,j}$——直接消耗系数；

$x_{i,j}$——第 j 投入部门生产中消耗的第 i 产出部门的产品价值；

X_j——第 j 投入部门的总投入，即第 j 部门的总产出。

记：直接消耗系数矩阵为 A，完全消耗系数矩阵为 B，则有

$$B=A(I-A)^{-1} \tag{5.3}$$

式中 $B=[b_{ij}]_{n\times n}$，b_{ij}——第 i 部门对第 j 部门的完全消耗系数；

$(I-A)^{-1}$——Leontief 逆矩阵。

记 $\overline{B}=[\overline{b}_{ij}]_{n\times n}$ 为第 i 经济部门对第 j 经济部门的间接消耗系数。与直接消耗系数相比，完全消耗系数的区别在于其包括了部门生产单位产品的直接消耗和与生产有关的间接消耗。

引进直接消耗系数后，式（5.1）的矩阵形式为

$$AX+Y=X \text{ 或 } X=(I-A)^{-1}Y \tag{5.4}$$

式中 A——中间投入系数矩阵 $A=[a_{i,j}]_{n\times n}$；

X——总产出行向量 $X=[X_j]_{1\times n}$；

Y——最终产品列向量 $Y=[Y_i]_{n\times 1}$；

$(I-A)^{-1}$——Leontief 逆矩阵。

最终产出 Y 分为消费、积累和净调出（含进出口）三大项。其中消费又分为家庭消费（也可称为居民消费）与社会集团消费（也可称为社会消费或政府消费）；积累又分为固定资产投资和库存投资（即流动资产投资）；净出口又分为调出（含出口）与调入（含进口）两类，对于第 i 行业，则有

$$Y_i=\sum_{k=1}^{4}Y_{i,k}+EX_i-IM_i \tag{5.5}$$

式中 Y_i——第 i 行业最终产出；

$Y(i,1)$——家庭消费；

$Y(i,2)$——社会集团消费；

$Y(i,\ 3)$——固定资产积累；

$Y(i,\ 4)$——库存积累；

EX_i——调出量；

IM_i——调入量。

GDP是反映一个国家整体发展水平的一个重要指标。从投入产出表（表5.5）第Ⅲ象限看，各经济部门的增加值之和，与最终产品按市场价格计算所得的GDP在数值上是相等的，即

$$GDP = \sum_{j=1}^{n} N_j = \sum_{j=1}^{n} (r_j X_j) \tag{5.6}$$

式中　N_j、r_j、X_j——第 j 经济部门增加值、增加值率和总产出。

表5.5　　　投入产出表

<table>
<tr><td colspan="2" rowspan="2">产出
投入</td><td>中间使用</td><td rowspan="2">最终使用</td><td rowspan="2">总产出</td></tr>
<tr><td>产品部门 1…产品部门 n</td></tr>
<tr><td>中间投入</td><td>产品部门 1
⋮
产品部门 n</td><td>第Ⅰ象限
（$X_{i,j}$）</td><td>第Ⅱ象限
（Y_i）</td><td>X_i</td></tr>
<tr><td colspan="2">初始投入（增加值）</td><td>第Ⅲ象限（N_j）</td><td colspan="2" rowspan="2"></td></tr>
<tr><td colspan="2">总投入</td><td>X_j</td></tr>
</table>

从投入产出表第Ⅱ象限看，各行业最终使用产品量使用价值之和，也与GDP数值相等，即

$$\mathrm{GDP} = \sum_{i=1}^{n} Y_i \tag{5.7}$$

式中　Y_i——第 i 经济部门最终产品使用价值量。

上述几个公式是投入产出分析中通常用到的几种主要方程，可因研究和分析的目的不同而选择不同形式。

5.2.1.3　模型求解

运用CGE模型进行经济效应和用水效应分析需分以下2个步骤进行：

（1）制定基准情景。设置研究时段（计算分析期）并假设调水量保持在原有水平上，模拟出案例地区至规划水平年份内经济社会自然发展变化趋势场景，即基准场景。在此场景下，本研究首先对案例区域未来经济社会发展规划进行

了模拟研究，主要包括经济发展总量增长和劳动力总量增长以及经济产业结构调整各方面内容；再假定外调水量保持恒定，通过模型计算基准情景下行业经济和用水结构。

(2) 政策情景模拟。基于基准情景引入外调水量变化并设定不同调水情景可以更精确剥离调水对经济社会及用水影响。

政策情景下，变量结果和基准情景结果之间的差异表现为经济社会其他变量相同时，仅有外调水量对经济产生的影响。采用此两步法，可以更精确地剥离外调水源对经济社会的影响。模型操作求解路径如图 5.3 所示。

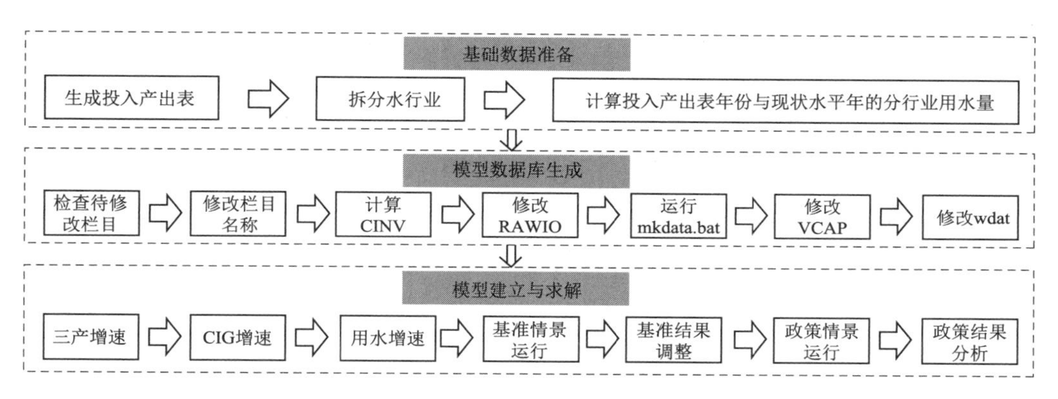

图 5.3 模型操作求解路径

5.2.2 山西省一般均衡模型构建

为定量评估汾河流域的社会和经济影响，研究通过改变外调水量从而改变流域供用水情况，设计多个政策情景方案。分析不同方案下的各经济指标变化情况。

5.2.2.1 投入产出模型构建

本研究以 2017 年山西省 42 部门投入产出表中各部门的投入产出消耗系数作为主要数据基础，结合山西省经济统计数据，利用纵横平衡修正迭代法（RAS 法），率定模型中现状经济相关参数。为了更精简地反映山西省主要经济特点，将投入产出表中的 42 部门依据国家统计局《国民经济行业分类与代码》（GB/T 4754—2002）合并为 13 部门。

在引黄工程作用下，山西省水资源合理利用可以看作是本地水与外调水总量的优化利用。根据《山西省统计年鉴》中水的生产与供应行业与其他各个行业的中间投入关系，依据研究区水源及可供水量的情况，以及《山西省水资源公报》中本地常规水、其他水源、外调水源在生产与生活中的比例关系，建立水源替代模块，将单一商品水细分水源，将水的生产与供应部门拆分为本地常规水、本地其他水源、外调水源三个部门，重新核算了细分的三个水行业在投入产出表中的价值量以及居民用水的价值总量，并认为这三类水之间有不同的替代关系，如图 5.4 所示。

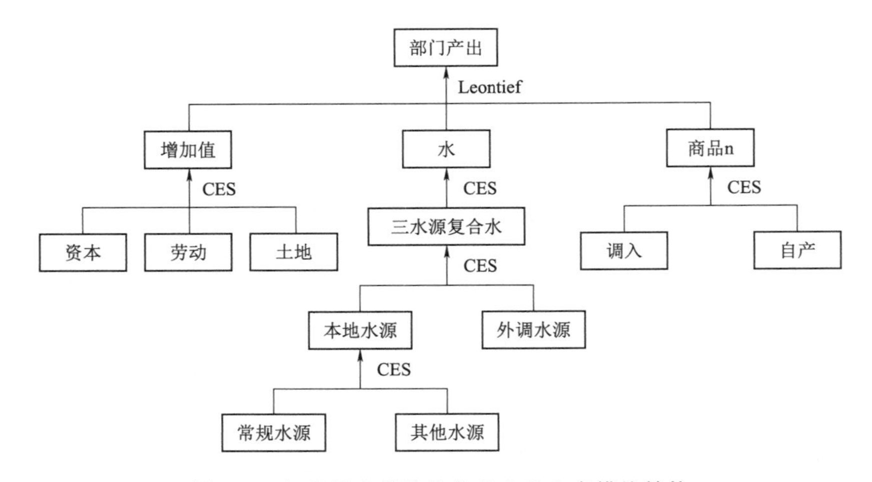

图 5.4　细化用水模块的各行业的生产模块结构

根据山西省统计年鉴以及调研资料，为突出反映经济部门不同的用水性质、分类供水部门的经济贡献，编制了 13 部门水资源投入产出表，见表 5.6。

5.2.2.2　基本参数率定

1. 模型参数处理

CGE 模型中存在的一系列需要率定的参数主要有以下两类。

（1）份额参数。如进出口比例、中间投入份额等。

（2）弹性参数。如居民消费的 Frisch 参数、生产函数的要素替代弹性、进出口的需求弹性等。

常用的模型参数获取方法有：

（1）计量经济学方法。计算经济学方法即根据时间序列数据对参数值进行估计。

（2）校准法。通过对基准年数据的一致性校准获得参数值。

表 5.6　　山西省 2017 年 13 行业水资源投入产出表（按当年生产者的价格计算）

	A	B	C	D	E	F	G	H	I	J	K	L	M	HOU	GOV	INV	STO	EXP	IMP	ERR	AO
A	159.80	8.84	31.66	235.27	9.30	0.00	0.00	0.00	146.71	0.06	0.20	10.11	142.43	970.78	13.71	27.21	94.61	5.05	−379.43	0.00	1476.31
B	11.39	522.40	460.51	11.19	162.26	1.03	0.08	0.08	458.24	8.66	15.13	125.93	140.09	787.44	0.00	544.20	31.42	565.82	−2366.85	0.00	1479.02
C	20.09	91.50	810.58	10.95	1321.75	0.53	0.04	0.04	92.97	0.03	239.34	22.75	87.79	235.60	0.00	717.84	159.71	4277.10	−1096.22	0.00	6992.39
D	61.72	14.44	21.83	120.73	27.53	0.05	0.00	0.00	31.29	2.09	4.68	140.29	292.08	1335.41	0.00	1.89	4.64	62.11	−1372.52	0.00	748.26
E	185.79	276.21	1206.64	30.46	2755.36	4.19	0.35	0.32	2210.99	11.59	205.95	131.48	265.39	677.74	0.00	0.00	134.44	2134.53	−2385.93	0.00	7845.50
F	49.70	0.15	8.51	0.12	1.35	0.63	0.05	0.05	4.60	0.37	1.05	6.12	12.03	12.05	0.00	0.00	1.04	0.00	−74.34	0.00	23.48
G	4.10	0.01	0.70	0.01	0.11	0.05	0.00	0.00	0.38	0.03	0.09	0.51	0.99	0.99	0.00	0.00	0.09	0.00	−6.13	0.00	1.93
H	3.78	0.01	0.65	0.01	0.10	0.05	0.00	0.00	0.35	0.03	0.08	0.47	0.92	0.92	0.00	0.00	0.08	0.00	−5.66	0.00	1.79
I	1.94	2.15	12.75	0.83	7.60	0.09	0.01	0.01	45.50	2.20	5.93	14.90	10.96	0.00	0.00	5127.35	0.00	0.00	−16.61	0.00	5215.61
J	101.59	12.96	380.81	1.15	157.38	0.01	0.00	0.00	1.92	91.07	163.48	25.74	44.50	859.59	0.00	19.37	30.65	68.17	−483.23	0.00	1475.16
K	15.40	7.99	511.06	8.09	186.83	0.15	0.01	0.01	26.75	65.70	414.73	56.62	33.29	189.72	69.19	157.22	−2.05	735.18	−48.12	0.00	2427.77
L	61.10	51.14	648.56	21.15	604.70	3.00	0.25	0.23	849.95	144.42	275.77	1294.41	296.97	770.34	285.50	105.00	0.00	10.91	−14.07	0.00	5409.33
M	35.85	41.79	274.64	27.54	205.19	3.78	0.31	0.29	326.08	70.35	49.21	322.28	691.74	853.79	1693.60	0.00	0.00	20.79	−13.19	0.00	4604.04
Total	712.25	1029.59	4368.90	467.50	5439.46	13.56	1.10	1.03	4195.73	396.60	1375.64	2151.61	2019.18								
LR	594.28	232.90	1532.37	132.69	791.62	8.69	0.72	0.66	538.61	300.84	499.33	1204.75	1838.60								
NRT	−50.93	20.72	413.60	57.80	195.16	0.24	0.02	0.02	219.55	327.97	70.30	441.87	90.04								
FAD	71.28	88.07	275.48	57.77	769.88	4.36	0.36	0.33	65.23	109.69	176.83	859.57	251.81								
OS	149.43	107.75	402.02	32.52	649.38	−3.37	−0.28	−0.26	196.45	340.04	305.68	751.53	404.45								
TAV	764.06	449.44	2623.47	280.78	2406.04	9.92	0.82	0.75	1019.84	1078.54	1052.14	3257.72	2584.90								
TI	1476.31	1479.03	6992.37	748.28	7845.50	23.48	1.92	1.78	5215.57	1475.14	2427.78	5409.33	4604.08								

注　1. 第Ⅰ、Ⅱ、Ⅲ象限构成山西省 13 部门投入产出表；单位为亿元。

2. A—农业，B—一般轻工业，C—一般重工业，D—耗水轻工业，E—耗水重工业，F—本地常规水供应，G—本地其他水源供应，H—外调水源供应，I—建筑，J—批发和零售，K—交通运输、仓储和邮政，L—普通服务业，M—耗水服务业，Total—合计，LR—劳动者报酬，NRT—生产税净额，FAD—固定资产折旧，OS—营业盈余，TAV—增加值合计，TI—总计，HOU—居民消费，GOV—政府消费，INV—固定资本形成总额，STO—存货增加，EXP—出口，IMP—进口，ERR—其他，AO—总产出，下同。

（3）经验法。参考其他学者的研究成果与经验估计，直接给参数赋值。

份额参数可以从投入产出表或模型方程计算求得，弹性参数可根据历史统计数据进行推求。具体参数调整如下：

（1）劳动需求弹性 SLAB 采用中国社会科学院模型设定的参数 0.350。

（2）消费价格弹性采用中国社会科学院中国 CGE 模型（PRCGEM）模型设定的参数 4。

（3）Arminton 弹性采用 MONASH 模型 China Version of Orani - g Model 的参数，对一些部门的数据进行加权平均计算。

（4）要素替代弹性根据汾河流域 2017—2021 年统计数据拟合得到。对于规模报酬不变的两要素 CES 生产函数，即

$$Q=\gamma[\delta K^{-\rho}+(1-\delta)L^{-\rho}]^{-1/\rho} \tag{5.8}$$

式中　Q——产出；

K——资本；

L——劳动力；

δ——份额参数；

ρ——替代参数。

由于水行业和第三产业缺乏数据，采用 MONASH 模型 China Version of Orani - g Model 的参数。

（5）CET 弹性、居民需求的支出弹性等采用 MONASH 模型 China Version of Orani - g Model 的参数。

2. 模拟结果验证

为了保证所构建的模型的准确性，需要将该模型所模拟的地区社会经济发展数据同实际值相比较，以确定其误差是否在可靠范围内。在众多模型中输出的内生变量中，选取一个重要的经济增长指标——GDP 增速作为检验指标。

2017—2022 年山西省 GDP 增速模拟值与真实值对比见表 5.7，将 CGE 模型输出的 GDP 增速值与实际值进行比较。CGE 模型输出 GDP 增速的模拟值较实际值略有或大或小的误差，但误差绝对值都在 2.0%以内，说明模型模拟结果较可信。

表 5.7 2017—2022 年山西省 GDP 增速模拟值与真实值对比表

年份	模拟值/万元	真实值/万元	误差程度/%
2017	15528.42	15528.42	0.00
2018	16595.13	16818.11	－1.33
2019	17342.52	17026.68	1.85
2020	17790.45	17651.93	0.78
2021	22299.59	22590.16	－1.29
2022	25793.33	25642.59	0.59

5.2.2.3 基准情景设置

基准情景分析是政策分析的基础，基准情景是否合理对模拟结果极为重要。模型中，社会经济数据来源为 2017—2022 年的中国统计年鉴、山西省统计年鉴、山西省国民经济和社会发展统计公报和《山西省投入产出统计年鉴 2017》等；供用水数据来源为 2017—2022 年的山西省水资源公报等。2017—2021 年主要根据山西省实际的经济社会发展情况为模型变量赋值。山西省供、用水数据见表 5.8、表 5.9。

表 5.8 山西省 2017—2021 年供水数据 单位：亿 m^3

年份	地表水	地下水	其他水源	总供水量
2017	39.57	31.08	4.24	74.90
2018	39.79	30.03	4.48	74.30
2019	42.30	29.16	4.51	75.97
2020	39.55	27.74	5.49	72.78
2021	38.46	28.22	5.97	72.65

表 5.9 山西省 2017—2021 年用水数据 单位：亿 m^3

<table>
<tr><th>年份</th><th>农田灌溉</th><th>林牧渔畜</th><th>城镇工业</th><th>城镇公共</th><th>居民生活</th><th>生态环境</th><th>用水总量</th></tr>
<tr><td>2017</td><td>42.97</td><td>2.57</td><td>13.49</td><td>2.27</td><td>10.57</td><td>3.01</td><td>74.90</td></tr>
<tr><td>2018</td><td>40.72</td><td>2.61</td><td>14.02</td><td>2.45</td><td>10.99</td><td>3.51</td><td>74.30</td></tr>
<tr><td>2019</td><td>41.01</td><td>2.82</td><td>13.45</td><td>2.53</td><td>11.26</td><td>4.89</td><td>75.97</td></tr>
<tr><td>2020</td><td colspan="2">41.01</td><td>12.39</td><td colspan="2">14.58</td><td>4.80</td><td>72.78</td></tr>
<tr><td>2021</td><td colspan="2">40.84</td><td>12.28</td><td colspan="2">15.07</td><td>4.46</td><td>72.65</td></tr>
</table>

2022年以前，汾河上中游利用万家寨引黄南干线工程供水能力，向汾河流域调水4.5亿m^3。

5.2.2.4 政策情景设置

为定量评估汾河流域调水政策对经济的影响，通过改变调水供水量，设计政策情景方案，分析不同政策下的用水效率和用水效益等的变化情况。

在水资源配置方面，水源坚持优先利用外调水，以本地其他水源如再生水补充本地地表水和地下水不足，实现社会经济与生态环境效益双赢。在各行业用水结构方面，以《国家节水行动山西实施方案》（晋改发〔2019〕26号）、《全省节约用水管理专项提升行动方案》、《黄河流域深度节水控水行动意见》（水节约〔2021〕263号）等为依据，调整各行业用水量，限制特定高耗水低效能的行业的发展，促进水资源集约节约利用，加速高精尖经济结构的建设。

研究通过调整汾河流域外调水供水量，进而调整山西省供用水结构，设置多个政策情景方案。根据山西省调水工程年供水量变化，政策情景设置6种方案，具体见表5.10。

表5.10 不同政策下方案设计

方案	调水量/亿m^3	占实际调水比例/%	占实际总用水量比例/%
基准情景	4.5	100.0	6.6
政策情景1	5.0	111.1	7.3
政策情景2	6.0	133.3	8.7
政策情景3	7.0	155.6	10.1
政策情景4	8.0	177.8	11.5
政策情景5	9.0	200.0	12.8
政策情景6	10.0	222.2	14.1

5.2.3 经济保障指数各指标计算结果

随着山西成为全国资源型经济转型综合配套改革试验区的全面实施，汾河流域这一经济中心的经济空间格局正在随之改变，从而给区域经济社会可持续发展带来了不可忽视的影响。水资源是人类社会发展必不可少的基础物质资料，是一种重要的战略性资源，关系经济社会发展的各个领域。水资源的利用效率和效益与经济存在一定正向关系，因此从经济系统角度分析各产业与行业用水效率与效益，就要对山西省一般均衡模型结果做水资源投入产出分析。

5.2.3.1 人均 GDP（D6）

2017—2021 年山西省人均 GDP 见表 5.11。由表可知，2017—2021 年山西省人均 GDP 呈逐年增加趋势。其中 2021 年全区人均 GDP 为 64905.30 元，与世界银行高收入国家人均 GDP 基准值相比，从 2017 年的 50.50%增加到 2021 年的 74.10%。

表 5.11　2017—2021 年山西省人均 GDP

年份	实际增加值/亿元			GDP/亿元	常住人口/万人	人均 GDP/元	与基准值相比
	第一产业	第二产业	第三产业				
2017	719.16	6778.89	8030.37	15528.42	3510.46	44234.72	0.5050
2018	740.64	7089.19	8988.28	16818.11	3502.47	48017.86	0.5482
2019	824.72	7453.09	8748.87	17026.68	3496.88	48691.06	0.5559
2020	946.68	7675.44	9029.81	17651.93	3490.50	50571.35	0.5773
2021	1286.87	11213.13	10090.16	22590.16	3480.48	64905.30	0.7410

综合考虑评价年与多年平均人均 GDP 的变化，2017—2021 年人均 GDP 为 56392.02 元，D6 取值 64.38 分。

5.2.3.2 人均水资源占有量（D7）

2017—2021 年山西省汾河流域人均水资源占有量见表 5.12。由表可知，2021 年山西全省降水量 1145.52 亿 m^3，其中汾河流域降水量 294.33m^3，属丰水年，与上年相比增加了 26.8%，因此 2021 年为 2017—2021 年间水资源总量及人均水资源占有量最高的一年。即便如此，2021 年汾河流域人均水资源占有量仍只有 324.66m^3，只占全山西省人均水资源占有量（597.35m^3）的 54.35%，远远低于全国平均水平，仅为轻度缺水标准下限（1700m^3）的 19.1%。汾河流域以不到山西全省 1/4 的水资源总量，支撑着超过 45%的全省人口，水资源禀赋严重不足，属于极度缺水地区。

表 5.12 2017—2021 年山西省汾河流域人均水资源占有量

年份	汾河流域				山西省			
	年降水量/亿 m^3	水资源总量/亿 m^3	常住人口/万人	人均水资源占有量/m^3	年降水量/亿 m^3	水资源总量/亿 m^3	常住人口/万人	人均水资源占有量/m^3
2017	239.67	38.02	1603.47	237.09	905.67	130.24	3510.46	371.00
2018	196.37	34.06	1612.48	211.24	817.18	121.93	3502.47	348.12
2019	177.93	28.24	1618.55	174.51	715.90	97.30	3496.88	278.24
2020	232.15	36.58	1599.06	228.76	877.16	115.15	3490.50	329.90
2021	294.33	51.88	1597.96	324.66	1145.52	207.91	3480.48	597.35

综合考虑评价年与多年平均水资源总量的变化，2017—2021 年汾河流域人均水资源占有量为 268.78m^3。按照人均水资源占有量赋分标准表，经插值计算得，D7 取值 21.50 分。

5.2.3.3 万元 GDP 用水量（D8）

用水效率、用水效益、用水结构水平是反映国民经济行业用水特性的指标。

用水效率可通过用水系数反映，可用直接用水系数、完全用水系数、增加值用水系数等指标分析。本书采用直接用水系数指标反映流域用水效率，可用万元增加值用水量表示，反映某一经济产业单位经济产量所需的水资源的直接取用程度。本书采用万元 GDP 用水量指标，该指标值越小，表明用水效率越高。

第 j 行业万元增加值用水量为

$$Q_j = \frac{W_j}{X_j}(j=1,\ 2,\ \cdots,\ n) \tag{5.9}$$

式中 W_j——第 j 行业直接用水量；

X_j——第 j 行业的增加值。

2017—2021 年万元行业增加值用水量见表 5.13。由表可知，2017—2021 年全行业及第一产业、第二产业万元行业增加值用水量均呈逐年降低趋势。各行业万元增加值用水量即行业的直接用水系数相差非常大，第一产业的直接用水系数最高，远高于第二产业和第三产业，第二产业略大于第三产业。最低值是第三产业，近五年平均值 15.26m^3/万元；最高值是第一产业，近五年平均值 506.87m^3/万元，二者相差达 33 倍。这说明农业生产用水效率低下，也表明在资源型缺水区域，需要迫切调整当前的产业用水比例，优化产业结构。

表 5.13　　2017—2021 年万元行业增加值用水量　　单位：m^3/万元

年份	全行业	第一产业	第二产业	第三产业
2017	46.29	596.11	19.87	16.11
2018	42.67	571.59	18.09	15.40
2019	41.03	516.28	16.22	15.99
2020	38.28	455.42	15.48	15.49
2021	30.75	394.94	11.58	13.33

综合考虑评价年及近几年平均万元增加值用水量的变化情况，2017—2021 年平均万元增加值用水量为 36.41m^3/万元。因此，D8 取值 72.24 分。

5.2.3.4　单方用水量产值 D9

用水效益可通过与用水系数相对应的产出系数反映，可用直接产出系数、完全产出系数、单位用水的增加值系数分析指标分析。本书采用直接产出系数指标反映用水效益，用某一经济行业单方用水量所生产的产值量或增加值量表示，反映经济行业生产用水的直接经济效益。本书采用单方用水量产值指标，该指标值越大，表明用水效益越高。

第 j 行业用水产值产出系数为

$$O_j = \frac{X_j}{W_j} = 10000/Q_j \ (j = 1, 2, \cdots, n) \tag{5.10}$$

式中　X_j——第 j 行业的总产出；

W_j——第 j 行业用水量。

2017—2021 年单方用水量产值见表 5.14。

表 5.14　　2017—2021 年单方用水量产值　　单位：元

年份	全行业	第一产业	第二产业	第三产业
2017	216.02	16.78	503.33	620.79
2018	234.36	17.50	552.94	649.22
2019	243.73	19.37	616.46	625.22
2020	261.25	21.96	646.00	645.54
2021	325.24	25.32	863.38	750.31

从整体来看，第一产业直接产出系数远低于第二产业和第三产业直接产出系数。综合考虑评价年及近几年平均单方用水量增加值的变化情况，2017—2021年平均单方用水量产值为281.14元。因此，D9取值53.11分。

5.2.3.5　用水结构水平（D10）

经济用水特性综合分析，就是从行业用水的水投入系数和行业用水的水产出系数两方面，分析比较水的投入与产出关系及其对经济系统的影响程度。

本书采用均衡度指数评估用水结构水平，直观地描述水资源的利用状况，展现不同年份用水结构的变化。计算公式为

$$J=\frac{H}{H_{\max}}=-\frac{\sum_{i=1}^{n}P_i\ln P_i}{\ln n} \tag{5.11}$$

式中　J——均衡度，取值范围为（0，1），J值越大表示用水结构的均质性越强；

H——信息熵；

$H_{\max}$——绝对均衡状态下信息熵最大值；

P_i——山西省各行业用水部门用水量在总用水量中的占比；

n——用水部门数量。

2017—2021年均衡度指标见表5.15。

表5.15　2017—2021年均衡度指标

年　份	均衡度	年　份	均衡度
2017	0.8291	2020	0.8439
2018	0.8247	2021	0.8487
2019	0.8388		

从整体来看，用水结构的均质性呈逐年增加趋势。综合考虑评价年及近几年平均均衡度的变化情况，2017—2021年平均均衡度为0.8414。因此，D10取值84.14分。

5.3　社会安全需求层指标评估

山西省呈现山地、高原、盆地、台地和丘陵等多样复杂的地形地貌，大部分地区海拔高度1000～2000m，是我国暴雨洪涝灾害影响敏感、气象灾害频发的省

份之一，受气象灾害影响较严重。建设幸福河，就要提高山西省防灾、减灾能力，为实现社会最大化保障人民生命财产安全提供切实可行的理论与实践依据。

5.3.1 防洪标准达标率（D11）

（1）根据《山西水利统计年鉴2019》数据，汾河流域堤防长度及达标堤防长度情况见表5.16，汾河流域堤防长度7054.80km，其中达标堤防长度3865.31km，堤防防洪标准达标率RAD_0＝55.8％。

表5.16 汾河流域堤防长度及达标堤防长度情况 单位：km

单位	堤防长度	按所处位置分			达标堤防长度	按等级分		
		河堤	湖堤	圩垸围堤		1级堤防	2级堤防	3级堤防
忻州市	1561.39	1561.39			816.74			43.50
太原市	1155.48	1153.22		2.26	599.00	103.32	86.19	11.24
吕梁市	1397.22	1397.22			836.47		8.80	133.69
晋中市	1401.36	1401.36			719.25	4.24	8.60	4.40
临汾市	663.72	663.72			409.68		66.25	90.27
运城市	875.63	815.98	59.65		484.17			
汾河流域合计	7054.80				3865.31			

（2）根据《山西水利统计年鉴2019》数据，汾河流域河道治理及达标情况见表5.17，汾河流域有防洪任务的河段长度为7401.85km，已治理河段长度3160.37km，治理达标河段长度2417.60km，河道防洪标准达标率RAR_0＝76.5％。

表5.17 汾河流域河道治理及达标情况 单位：km

单位	有防洪任务河段长度	已治理河段长度	治理达标河段长度
忻州市	2177.84	772.21	575.52
太原市	542.64	319.50	194.90
吕梁市	1187.35	612.96	441.95
晋中市	1035.33	553.30	427.33
临汾市	1140.74	438.96	374.33
运城市	1317.95	463.44	403.57
汾河流域合计	7401.85	3160.37	2417.60

(3) 2021年10月，受近期连续降雨和上游来水影响，汾河下游河津段流量激增至985m^3/s，为汾河河津水文站监测到1954年以来的最大洪水。为保障人民群众生命财产安全，当地政府决定启用河津市连伯村附近的黄河滩地蓄滞洪区，引洪水直接流入黄河，减轻地方的防洪负担，成功转移并妥善安置了蓄滞洪区的群众。可正常发挥行蓄滞洪作用的蓄滞洪区数量1个，$RAB_0=100\%$。

流域防洪工程达到规划防洪标准，D11得分77.43分。

5.3.2 洪涝灾害经济损失率（D12）

根据《中国水利统计年鉴》《山西统计年鉴》数据，山西省2021年洪涝灾害直接经济损失达50.29亿元，见表5.18。计算得流域范围内因洪涝灾害直接经济损失占同期该地区GDP的比例$ELR_0=0.18\%$，经线性插值计算，D12得分87.90分。

表5.18 山西省洪涝灾害直接经济损失表

年份	洪涝灾害直接经济损失/亿元	地区GDP/亿元	经济损失率/%
2021	50.29	22590.20	0.22
2020	12.10	17651.90	0.07
2019	12.90	17026.70	0.08
2018	3.23	16818.10	0.02
2017	70.74	15528.40	0.46
2016	10.20	12966.20	0.08

5.3.3 洪涝灾害人口受灾率（D13）

根据《中国水利统计年鉴》《山西统计年鉴》数据，山西省2021年洪涝灾害死亡失踪人数18人，见表5.19。计算得流域范围内因洪涝灾害死亡和失踪人口数占同期该地区总人口的比例FMR_0为0.38人/百万人，经线性插值计算，D13得分92.5分。

表5.19 山西省洪涝灾害死亡失踪人数表

年份	洪涝灾害死亡失踪人数/人	地区总人口/百万人	人员受灾比例/(人/百万人)
2021	18	34.916	0.5155
2020	8	34.905	0.2292
2019	31	37.292	0.8313

续表

年份	洪涝灾害死亡失踪人数/人	地区总人口/百万人	人员受灾比例/(人/百万人)
2018	0	37.183	0.0000
2017	4	37.024	0.1080
2016	1	36.816	0.0272

5.3.4 灾后恢复重建能力（D14）

灾后恢复重建能力指标是指发生洪涝灾害后经抢险救援和灾后恢复行动使受影响区域人民生产生活恢复到有序状态的能力，可通过一次典型洪涝灾情事件作为代表性案例。

2021年10月2日—10月7日，山西省发生了有气象资料记载的最严重的秋汛，多个地区遭遇大范围、大强度、长时间的降雨过程，全省平均降水量119mm。汾河山西河津段迎来67年来最大洪水。受持续强降雨影响，包括汾河在内的37条河流发生洪水，汾河新绛段发生决口，流域内公路、铁路运行均遭到不同程度的影响。山西省政府迅速开展了防汛抢险工作，及时启动响应，积极采取措施，科学制定实施撤避、封堵方案，确保全省水库、淤地坝无一垮坝；汛后加快推进水利灾后恢复重建，全力抢险救援，紧急调拨救灾款物。截至10月11日，抢通阻断路段恢复情况中，高速公路共恢复93.8%，普通国省干线公路恢复26.4%，农村公路恢复86.5%，道路运输网络基本恢复通畅。2021年10月2日—10月7日洪水灾情公路灾损恢复处置情况见表5.20。根据城市主干线交通3日恢复能力，评估认为D14取值68.9分，处于中等水平。

表5.20 2021年10月2日—10月7日洪水灾情公路灾损恢复处置情况 单位：处

城市主干线交通类型	抢通阻断路段	受损中断路段
高速公路	30	32
普通国省干线公路	19	72
农村公路	2800	3238

5.4 休闲活动与情感认同需求层指标评估

针对目前河湖幸福满意度的调查没有统一标准的状况，以现代幸福感研究理论和体系为基础，按照现代主观幸福感、心理幸福感与社会幸福感研究理论，重新设计了心理认同准则层次的公众调查量表和调查问卷，提升调查质量与科学性。

为了科学评价汾河流域心理体验快乐准则下的幸福度，调查人们对河流休闲活动需求与情感认同需求的满足程度，本研究专门组织了社会调查，采用调查问卷的方式，在汾河流域广泛征求社会公众的意见，对公众认识水、尊重水、爱护水、节约水的意识普及程度进行统计分析。本次研究基于社会调查问卷结果，评估了汾河流域公众对河流的心理体验快乐程度，可为政府和有关管理部门深入了解河流影响公众幸福的影响因素以及为幸福汾河的管理和建设决策提供参考依据。

基于必要性、简便性、可行性、题项总量控制等原则，设计《汾河流域幸福感调查问卷》，问卷主要测量公众对汾河流域心理体验感受，包含休闲活动和情感认同 2 个维度，问题形式包括李克特量表题项（由很多题项构成的不同测量水平的测量量表，表示程度性选项，共 16 题）和非量表题项（多选题、无序单选题等，共 14 题）。

本研究的被试者主要来自山西省汾河流域流经的忻州市、太原市、吕梁市、晋中市、临汾市、运城市 6 个地级市，也有部分被试者来自阳泉市、长治市、晋城市等少部分面积在汾河流域辖区内的地级市。共发出 1500 份问卷，最终回收有效问卷 868 份，有效率 57.9%。

5.4.1 调查问卷量表设计理论依据

知—信—行（Knowledge，Attitude and Practice，KAP）理论于 1960 年由美国学者提出，该理论将人类行为的改变分为获取知识、产生信念、形成行为 3 个连续过程，其中，“知”是对相关知识的认识和理解，“信”是正确的信念和积极的态度，“行”是行动。知识是建立积极、正确的信念与态度的基础，知识对信念和态度具有正向影响，而正面的信念和态度为健康行为提供内在动力。该理论的验证和常用的研究方法主要是根据研究对象、课题，设计知—信—行调查问卷，了解研究人群的相关知识、信念和行为现状，通过分析问卷和群体之间差异对比研究进行干预，提出切实可行的建议，有计划实施，然后检验效果，总结经验进行推广。目前知—信—行模式主要应用于健康、医学领域，近年来也逐渐开始在其他领域包括教育、管理、环境保护等方面显示了其可行性与有效性。

在关于幸福河调查的研究中，可参考知—信—行模式，设计幸福河满意度调查问卷，旨在了解目标群体对于幸福河的感受，调查相关群体的幸福河信息知晓状况、幸福河信念认同状况、河流保护行为采纳状况，即可用来衡量幸福河政策实施的实际效果。对比研究问卷群体之间差异，进行干预，提出切实可行的建议并有计划实施。通过帮助目标群体对幸福河产生正确的认识和理解，逐步增强其积极的信念，进而产生科学的行为，引导公众通过科学合理的行为和生活方式参与河流的保护与管理。

在研究方法上，目前还未见统一的测量工具，均为自行设计的各种调查表，因此，编制和开发合理有效的幸福河知—信—行模式调查评价量表很重要。

5.4.2 调查问卷量表统计检验

为提高问卷分析结论可信度，确保问卷调查结果准确科学，必须要考察所设计的问卷是否符合要求，检验调查的结果是否可信与是否有效。只有经过评估证明可信度和有效度高的问卷，才能进行正式测量。在评定问卷的可信度和有效度的时候，发现可信度与有效度不高时，须先修正对应问卷项目后再进行评估，直到获得较满意的结果为止。

5.4.2.1 样本分布的描述性统计分析

问卷分析首先要考察样本的分布，即参与本次问卷调研的人员基本信息的分布情况。为考察在调研对象的选择上是否存在特定偏好，对样本分布进行描述性统计分析，参与本次调研的人群特征情况见表 5.21。

表 5.21　参与本次调研的人群特征情况

人群特征	类　别	人数/人	占比/%
性别	男	537	61.9
	女	331	38.1
年龄	18～30 岁	202	23.3
	31～45 岁	602	69.4
	46～60 岁	62	7.1
	61 岁以上	2	0.2

续表

人群特征	类　　别	人数/人	占比/%
职业	学生	73	8.4
	公务员	86	9.9
	企事业单位人员	523	60.3
	农民	61	7.0
	个体工商户	120	13.8
	其他	5	0.6
与河湖的关系	河湖周边居民	517	59.6
	河湖管理相关从业者	147	16.9
	一般公众	204	23.5
现居地	太原市	597	68.8
	忻州市	34	3.9
	吕梁市	39	4.5
	晋中市	57	6.6
	临汾市	94	10.8
	运城市	19	2.2
	阳泉市	10	1.2
	长治市	6	0.7
	晋城市	12	1.4

本次调研对象在性别、年龄、职业、现居地等方面分布相对较均匀，具有一定的随机性，说明问卷具有普遍性，可保证问卷数据分析的准确性。从人口学分布来看，回收样本基本能反映调查总体的基本情况。若要进一步提高问卷的准确性，可以根据研究需要进行合理调整，例如扩大样本量等。

5.4.2.2　信度检验

信度/可信度（Reliability）是一个测量学概念，核心是考察量表的内部一致性，指问卷调查结果的稳定性程度，即同一调查项目调查结果的一致程度。为保证调查的准确性、统计分析结论的科学性以及研究成果的质量，必须对问卷调查量表进行可信度考察，即信度检验。

信度系数是信度的评价指标，可以用真实值方差与测量值方差之间的比值来表示。信度检验通过计算量表的Cronbach's Alpha系数的数值来检验量表的内部一致性。一般情况下，Cronbach's Alpha系数大于0.9时，可认为量表的内部一致性非常高，当Cronbach's Alpha系数介于0.7到0.9之间时，可认为量表的内部一致性较好；而当Cronbach's Alpha系数低于0.7时，则表示量表中的各个题目不一致程度较大，此时需要对调查量表进行修改或重新修订。

只有量表才有信度这一概念，对于非量表形式的问卷，因不具有分值，则谈不上信度的问题。本次调研量表的信度检验表见表5.22。量表的休闲娱乐层次可靠性统计量Cronbach's Alpha系数为0.850；情感认同可靠性统计量为0.868；量表整体的Cronbach's Alpha系数为0.921，则说明该调查量表内部一致性非常高，即问卷可信度非常高。

表5.22　本次调研量表的信度检验表

维　度	Cronbach's Alpha系数	项　数
休闲娱乐C4	0.850	8
情感认同C5	0.868	8
量表整体	0.921	16

本次调研量表的整体、休闲娱乐层次和情感认同层次项总计统计量分别见表5.23、表5.24和表5.25。以表5.23为例，表中每一行“项已删除的Cronbach's Alpha值”代表的含义是删除了对应的量表中的问题后用剩下的15个题做信度检验，得到的Cronbach's Alpha值，即信度。由表可知，除问题13外，将量表中的任意一个题删除之后得到的信度系数都低于16个题全部都有时的信度系数，则意味着删除任意一题都会导致量表信度降低，即可认为16道题同时存在时的量表信度可基本达到最好效果。

表5.23　本次调研量表的整体项总计统计量

序号	项已删除的刻度均值	项已删除的刻度方差	校正的项总计相关性	项已删除的Cronbach's Alpha值
问题1	19.82	31.961	0.616	0.917
问题4	19.89	32.874	0.591	0.917
问题5	19.97	33.884	0.496	0.920
问题6	19.77	31.117	0.715	0.914
问题7	20.00	33.555	0.588	0.918
问题8	19.75	31.604	0.698	0.914
问题10	20.01	33.248	0.623	0.917

续表

序号	项已删除的刻度均值	项已删除的刻度方差	校正的项总计相关性	项已删除的Cronbach's Alpha值
问题12	20.00	33.461	0.555	0.918
问题13	20.16	35.495	0.438	0.922
问题14	19.81	33.194	0.516	0.919
问题17	19.89	32.000	0.661	0.915
问题19	19.83	31.059	0.743	0.913
问题20	19.80	30.924	0.727	0.913
问题21	19.78	30.845	0.722	0.913
问题22	19.77	30.788	0.727	0.913
问题23	19.84	32.062	0.582	0.918

表5.24 本次调研量表的休闲娱乐层次项总计统计量

序号	项已删除的刻度均值	项已删除的刻度方差	校正的项总计相关性	项已删除的Cronbach's Alpha值
问题1	9.05	6.463	0.566	0.836
问题4	9.12	6.713	0.612	0.829
问题5	9.20	7.194	0.515	0.840
问题6	9.00	6.075	0.675	0.821
问题7	9.23	7.109	0.585	0.834
问题8	8.98	6.267	0.669	0.821
问题10	9.24	7.023	0.593	0.832
问题12	9.23	7.100	0.530	0.839

表5.25 本次调研量表的情感认同层次项总计统计量

序号	项已删除的刻度均值	项已删除的刻度方差	校正的项总计相关性	项已删除的Cronbach's Alpha值
问题13	9.72	10.936	0.424	0.875
问题14	9.38	9.698	0.480	0.866
问题17	9.46	9.049	0.633	0.851
问题19	9.40	8.595	0.703	0.842

续表

序号	项已删除的刻度均值	项已删除的刻度方差	校正的项总计相关性	项已删除的Cronbach's Alpha值
问题20	9.36	8.330	0.745	0.837
问题21	9.34	8.384	0.710	0.841
问题22	9.33	8.321	0.725	0.839
问题23	9.41	8.934	0.591	0.856

5.4.2.3 效度检验

效度/有效度（Validity）通常是指测试结果的正确度，即测试结果与测试目标之间的接近程度。就调查问卷而言，对于调查问卷来说，其有效度是指问卷对其所测内容的反映程度。

信度考察的是量表里所有题项的一致性，而效度则是考察某一个具体题项的能效性，也就是说每一个题项对于调查量表而言起到多大程度的作用。信度是考察整体的，包括维度整体、量表整体，与调查结果是否正确无关；而效度是针对问卷调研的目的，考察每一题项是否发挥了重要作用以及测量结果是否有效。与信度类似，只有量表才有效度一说。

一般而言，检验效度的统计学方法有两种：一种是使用SPSS软件，进行探索性因子分析（EFA）；另一种是使用AMOS软件，进行验证性因子分析（CFA）。

本次调研量表的KMO和Bartlett检验见表5.26。

表5.26　　本次调研量表的KMO和Bartlett检验

取样足够度的Kaiser-Meyer-Olkin度量		0.954
Bartlett的球形度检验	近似卡方	6410.840
	df	120.000
	Sig.	0.000

注　1. df为自由度，是自由取值的变量个数。
2. Sig是差异显著性的检验值，该值一般与0.05或0.01比较，若小于0.05或者0.01则表示差异显著。

由表5.26可知，本次调研量表KMO>0.6和显著性<0.05两个条件同时满足，意味着本次数据非常适合进行探索性因子分析来检验效度。

本次调研量表解释的总方差见表5.27。

表 5.27　　本次调研量表解释的总方差

成份	初始特征值			提取平方和载入			旋转平方和载入		
	合计	方差的百分比	累积百分比	合计	方差的百分比	累积百分比	合计	方差的百分比	累积百分比
1	7.457	46.607	46.607	7.457	46.607	46.607	4.647	29.044	29.044
2	1.112	6.953	53.560	1.112	6.953	53.560	3.922	24.516	53.560
3	0.936	5.851	59.411						
4	0.791	4.945	64.357						
5	0.664	4.148	68.505						
6	0.630	3.938	72.443						
7	0.581	3.628	76.071						
8	0.538	3.361	79.431						
9	0.513	3.207	82.639						
10	0.477	2.980	85.619						
11	0.473	2.958	88.577						
12	0.411	2.570	91.147						
13	0.397	2.479	93.626						
14	0.388	2.427	96.053						
15	0.340	2.127	98.180						
16	0.291	1.820	100.000						

注　提取方法为主成分分析法。

由表 5.27 可知，16 个题划分为 2 个维度是比较合适的。2 个维度的累积方差贡献率接近 60%。

本次调研量表旋转成分矩阵见表 5.28。

表 5.28　　本次调研量表旋转成分矩阵

序号	成份		序号	成份	
	1	2		1	2
问题 1	0.782		问题 13		0.666
问题 23	0.725		问题 5		0.630
问题 19	0.717		问题 10		0.608
问题 6	0.714		问题 12		0.608
问题 22	0.699		问题 14		0.602
问题 20	0.675		问题 7		0.595
问题 21	0.661		问题 8		0.594
问题 17	0.561		问题 4		0.559

注　1. 提取方法为主成分分析法。

2. 旋转法为具有 Kaiser 标准化的正交旋转法，旋转在 3 次迭代后收敛。

若某一个题目只在一个维度的载荷高于0.5，则说明这个题目是有效的。由表5.28可知，16个题全部仅在单个维度上的载荷高于0.5，全部属于有效题项，通过了效度检验，予以保留。

5.4.2.4　相关性分析

相关性分析有两项内容，一是考察相关系数是否显著；二是如果相关系数显著，则继续分析相关系数与0的关系，若相关系数大于0，则意味着显著正相关，小于0则意味着显著负相关。基于本研究数据相关性，应用SPSS软件分析结果，所有相关系数全部带有“* *”，见表5.29。相关系数全部大于0，表明本研究采用调查量表中各问题之间全部存在着显著的正向相关关系，可为后续的影响因素研究提供依据，保证其准确性。

表5.29　　本次调研量表Pearson相关性系数

指　　标	河流景观质量（D15）	亲水设施完善程度（D16）	水文化影响力（D17）	公众水情教育普及度（D18）	公众河流治理参与度（D19）	公众河流幸福满意度（D20）	休闲活动（C4）	情感认同（C5）
河流景观质量（D15）	1							
亲水设施完善程度（D16）	0.556**	1						
水文化影响力（D17）	0.500**	0.727**	1					
公众水情教育普及度（D18）	0.270**	0.494**	0.586**	1				
公众河流治理参与度（D19）	0.464**	0.537**	0.593**	0.431**	1			
公众河流幸福满意度（D20）	0.612**	0.695**	0.729**	0.523**	0.620**	1		
休闲活动（C4）	0.678**	0.846**	0.880**	0.646**	0.713**	0.933**	1	
情感认同（C5）	0.601**	0.719**	0.773**	0.663**	0.729**	0.975**	0.961**	1

注　* * 表示 $P<0.01$，即在0.01水平（双侧）上显著相关。* 表示 $P<0.05$。

综上所述，本次研究调查问卷量表样本分布相对合理，可信度与有效度均可较大程度地通过检验，认为调查结果准确性较高，可保证之后统计分析结论的科学性及提高研究成果的质量。

5.4.3　调查问卷量表分析

5.4.3.1　量表现状分析

量表的现状分析需要使用的统计学方法是描述性统计分析。本次调研量表描述统计量见表5.30。量表结果数字“1.00”代表“很满意”，数字“2.00”代表“满意”，数字“3.00”代表“一般”，数字“4.00”代表“不满意”，数字“5.00”代表“很不满意”。休闲娱乐（C4）与情感认同（C5）层次的D15～D20指标均值均介于1.00～2.00之间，说明被试者对每个指标的体验感均介于“很满意”与“满意”之间。

表5.30　　本次调研量表描述统计量

指　　标	N	极小值	极大值	均值	标准差
河流景观质量（D15）	868	1.00	4.00	1.383	0.618
亲水设施完善程度（D16）	868	1.00	3.00	1.330	0.421
水文化影响力（D17）	868	1.00	2.75	1.266	0.368
公众水情教育普及度（D18）	868	1.00	2.50	1.220	0.316
公众河流治理参与度（D19）	868	1.00	4.00	1.312	0.577
公众河流幸福满意度（D20）	868	1.00	3.40	1.404	0.526
休闲活动（C4）	868	1.00	2.50	1.304	0.367
情感认同（C5）	868	1.00	3.00	1.346	0.425

整体而言，本次调研868名被试者对河流景观质量、亲水设施完善、水文化影响方面的满意程度较高，公众在水情教育普及、河流治理参与等方面的程度也较好，整体呈现出对汾河流域比较幸福满意的结果。

5.4.3.2　人口学变量的差异比较

比较不同类型的人在各个维度上以及量表整体上的差异，即人口学变量的差异比较。差异比较选择的统计学方法是独立样本t检验和单因素方差分析。分类为两类变量的差异比较选择独立样本t检验；分类为三类或者三类以上的差异比较选择单因素方差分析。

默认李克特量表服从近似正态分布，可直接使用参数类检验，且数据的表达形式可以选择均值±标准差（M±SD）。

本次调研量表被试者在性别、年龄和与河湖关系上的差异分别见表5.31、表5.32和表5.33。表中，T值是在进行t检验时计算出的值，通常用于比较一个或两个样本的均值是否存在显著性差异，T值越大，表示差异越大，且越有可能拒绝零假设；P值代表根据零假设得到观察到的统计量或更极端情况发生的概率，通常将观察到的统计量与在零假设下模拟出的分布进行比较得出，如果 P 值小于 0.05，则认为结果具有统计学显著性；F 值是用于比较两个或更多样本方差之间的差异是否显著的统计量，通常将观察到的方差比率与在零假设下模拟出的分布进行比较得出，如果 F 值大于临界值，并且 P 值小于显著性水平，则结果被认为具有统计学显著性。

表 5.31　　本次调研量表被试者性别差异

指　标	男	女	T	P
休闲活动（C4）	1.34±0.39	1.25±0.31	3.595	0.000
情感认同（C5）	1.38±0.47	1.29±0.34	3.098	0.002
心理体验快乐量表	1.36±0.41	1.27±0.31	3.497	0.000

表 5.32　　本次调研量表被试者年龄关系差异

指　标	18～30 岁	31～45 岁	46～60 岁	61 岁以上	F	P
休闲活动（C4）	1.34±0.38	1.27±0.35	1.47±0.41	2.31±0.27	12.195	0.000
情感认同（C5）	1.40±0.45	1.31±0.40	1.50±0.46	2.25±0.35	8.660	0.000
心理体验快乐量表	1.37±0.39	1.29±0.36	1.48±0.41	2.28±0.31	11.168	0.000

表 5.33　　本次调研量表被试者与河湖关系差异

指　标	河湖周边居民	河湖管理相关从业者	一般公众	F	P
休闲活动（C4）	1.26±0.34	1.48±0.47	1.29±0.32	20.589	0.000
情感认同（C5）	1.30±0.38	1.55±0.57	1.32±0.36	20.472	0.000
心理体验快乐量表	1.28±0.34	1.51±0.50	1.30±0.32	22.563	0.000

由统计结果可知，性别差异、年龄差异和受试者与河湖关系的差异上显著性 P 值均小于 0.05，说明在性别、年龄和与河湖关系上，调研结果存在显著差异，这三项条件的不同会对被试者的体验感受造成显著影响。后续在制定管理政策时可针对不同性别、不同年龄阶段及不同身份的居民提出相应的对策，做出差异化的提升汾河流域幸福指数的措施。

本次调研量表被试者地区分布差异见表 5.34。在地区分布差异上显著性 $P>0.05$，说明在现居地上调查结果不存在显著差异，说明地区不会对被试者的体验感受造成影响。

表5.34 本次调研量表被试者地区分布差异

地区	休闲娱乐C4	情感认同C5	心理体验快乐量表
太原市	1.33±0.38	1.37±0.44	1.35±0.40
忻州市	1.27±0.35	1.22±0.30	1.25±0.31
吕梁市	1.30±0.32	1.32±0.41	1.31±0.34
晋中市	1.20±0.28	1.34±0.37	1.27±0.31
临汾市	1.24±0.34	1.28±0.39	1.26±0.35
运城市	1.34±0.31	1.30±0.36	1.32±0.30
阳泉市	1.40±0.42	1.46±0.54	1.43±0.47
长治市	1.10±0.26	1.13±0.31	1.11±0.28
晋城市	1.27±0.24	1.36±0.41	1.32±0.31
F	1.680	1.202	1.307
P	0.099	0.295	0.236

5.4.4 调查问卷内容分析

为更加确切地了解公众对汾河流域的参与和情感感受，明确下一步的改进方向，调查问卷中除了满意度量表问题，还设计了无序单选和多选题，调查被试者在河流景观、亲水设施和水文化影响上的特定态度。

被试者对河流景观不满意的地方及原因见表5.35。针对河流景观质量，868名被试者对居住地周边河流不满意的地方主要集中在河漫滩、林木草地、河道等地方的景观；对居住地周边河流景观不满意的原因主要有色彩单一、人工干扰过多、水质环境差、景观种类少等。

表5.35 被试者对河流景观不满意的地方及原因

情感感受	内容	票数
对居住地周边河流景观不满意的地方	河漫滩、驳岸景观	402
	林木草地景观	314
	河道水流景观	271
	农田景观	260
	建筑景观	161
	亲水平台景观	110
	其他	24

续表

情感感受	内　　容	票　　数
对居住地周边河流景观不满意的原因	色彩单一，没有层次	369
	人工干扰过多，缺乏自然性	345
	河流水质环境差，生态破坏	337
	景观种类少，缺乏多样性	264
	植被缺乏或生长情况不良	157
	周围环境不够协调	88
	其他	14

针对亲水设施完善程度，70.62%的被试者认可所在城市的河流具备滨水步道、栈道、观景区、湿地公园等亲水活动平台，且种类丰富；76.96%的被试者表示会经常和家人去亲水平台或其他滨水设施上游玩；说明亲水设施种类和数量保障程度较好。但被试者同时表示去到的亲水平台也存在一些尚不完善的地方，被试者认为亲水设施不完善的原因见表5.36。

表5.36　　被试者认为亲水设施不完善的原因

内　　容	票　数
水边缺乏护栏、护栏过低或损坏	340
临水建筑死板，与景观无法融合	314
缺乏警示牌标识，无法起到警示作用	280
亲水性差	213
座椅、垃圾桶、卫生间等配套服务设施不够齐全	188
亲水平台台面破损，缺乏修缮	185
照明不足，夜晚灯光昏暗	97
其他	12

针对水文化影响力，82.6%的被试者表示知道山西省的水利风景区且参观过；在山西省国家级水利风景区名单列表中，参观过山西永济黄河浦津渡水利风景区的游客最多，占比30.07%；其次是汾河二库国家水利风景区，占比27.76%；其他参观人数较多的还有黄河万家寨水利枢纽、汾源水利风景区和太原市汾河水利风景区，分别占比16.01%、14.63%和10.94%。

被试者了解河流文化的主要渠道见表5.37。了解河流文化的渠道主要靠网络电视等社交媒体，43.78%的被试者通过社交媒体了解河流文化；其次是社区单位、博物馆等宣传资料。

表 5.37　被试者了解河流文化的主要渠道

内　　容	票　数
网络电视等社交媒体	380
社区单位、博物馆等宣传资料	228
报纸杂志等纸质媒体	182
家人、朋友及同事介绍	66
学校	12

针对公众水情教育普及度，63.13%的被试者非常了解河湖长制，且仔细看过河湖长制公示牌和河湖长制宣传活动标语。认为治理河流污染的措施中加强人民的环保意识最为迫切，提升河道绿化景观、控制污染源、进行雨污分流也是相当重要的手段。面对流域水资源匮乏、用水紧张的现状，绝大多数被试者都有过节水行为，包括但不限于饮用水按需取用、购置节水器具、控制洗漱洗浴水量和时间、冲厕优先使用回收水等，说明流域公众居民节水意识较强，平时的水情教育普及获得了一定的效果。

针对公众河流治理参与度，最难以忍受的水问题是饮用水污染，其次是河道污染、城市内涝和工业污水乱排乱放。高达 99.31%的被试者参与过与治理保护河流相关的工作或活动，例如担任民间河长、巡河员、监督员，参与志愿者活动、节水护水比赛、征文、投票、视频比赛等，参与投诉举报涉河湖相关问题及向有关部门提出相关建议等；9.79%的被试者参与过多于 3 项此类活动，公众参与河流治理的积极性高。

针对公众河流幸福满意度，69.70%的被试者对汾河流域包括其支流的水质状况与生态活力状况感到很满意；67.17%的被试者对汾河促进本地经济发展与社会进步感到很满意；65.78%的被试者对汾河水文化遗产保护与水文化宣传感到很满意；64.75%的被试者认为汾河是一条能带来安全感、获得感与价值感的河流。如果汾河被评为省级或国家级幸福河，70.39%的被试者对该评定结果表示认同。

5.5　本章小结

本章基于评价指标体系中的单指标量化计算方法，分别对汾河流域河流健康、经济保障、社会安全、休闲活动与情感认同各需求层的 20 个指标进行了逐一计算。其中，河流健康与社会安全需求层的指标采用直接计算法，经济保障需求层的指标采用模型模拟方法，休闲活动与情感认同需求层的指标采用调查问卷方法，分别从客观性和主观性两种统计指标的基本属性，对汾河流域各维度幸福程度进行了分析。

第6章　山西省汾河流域河流幸福指数综合评价

基于第5章对汾河流域河流幸福指标的分项评估结果，可对汾河流域需求层次及整个河流的综合幸福指数进行评价。

6.1　需求层次指数评价

6.1.1　河流健康指数评价

根据章节3.4计算的指标权重、章节3.5所述单指标量化与多指标综合评价方法，计算得出河流健康指数（*EHI*）评价指标及各指标得分数值见表6.1。由于数据有限，本章优先选用了2021年及相近年份的数据进行分析。

表6.1　河流健康指数（*EHI*）评价指标及各指标得分数值

评价指标	相对于准则层的权重	指标得分	指标评价等级	河流健康指数（*EHI*）
生态流量保障程度（D1）	0.260	30.00	很差	54.67
水生生物完整性指数（D2）	0.169	74.19	一般	
水域空间保有率（D3）	0.127	99.56	优秀	
河流水质指数（D4）	0.342	40.00	很差	
河流纵向连通性指数（D5）	0.102	78.40	一般	

汾河流域的河流健康指数（*EHI*）得分54.67分，总体处于“很差”等级。各河流健康指标的得分由大到小的顺序依次为：水域空间保有率（D3）＞河流纵向连通性指数（D5）＞水生生物完整性指数（D2）＞河流水质指数（D4）＞生态流量保障程度（D1）。水域空间保有率（D3）得分最高，为99.60分，说明汾河流域现有的河流、湖泊、滩地等水域空间面积与历史相比保持情况良好。河流水质指数（D4）和生态流量保障程度（D1）得分较低，分别为40.00分和30.00分，说明汾河流域缺水情况仍然严峻，水质状况仍有很大的提升空间。

6.1.2 经济保障指数评价

根据章节 3.4 计算的指标权重、章节 3.5 所述单指标量化与多指标综合评价方法，计算得出经济保障指数（*ESI*）评价指标及各指标得分数值见表 6.2。

表 6.2 经济保障指数（*ESI*）评价指标及各指标得分数值

评价指标	相对于准则层的权重	指标得分	指标评价等级	经济保障指数（*ESI*）
人均 GDP（D6）	0.208	64.38	较差	56.63
人均水资源占有量（D7）	0.249	21.50	很差	
万元 GDP 用水量（D8）	0.207	72.24	一般	
单方用水量产值（D9）	0.172	53.11	很差	
用水结构水平（D10）	0.164	84.14	良好	

汾河流域的经济保障指数（*ESI*）得分 56.63 分，总体处于“很差”等级。各经济保障指标的得分由大到小的顺序依次为：用水结构水平（D10）＞万元 GDP 用水量（D8）＞人均 GDP（D6）＞单方用水量产值（D9）＞人均水资源占有量（D7）。人均 GDP（D6）指标处于“较差”等级，表明汾河流域地区人民生活水平距离高收入国家还有很大差距。单方用水量产值（D9）指标处于“很差”等级，表明用水产出系数低，用水效益低。人均水资源占有量（D7）指标得分最低，仅 21.50 分，表明水资源量不足仍是制约汾河流域经济社会发展的关键因素。

6.1.3 社会安全指数评价

根据章节 3.4 计算的指标权重、章节 3.5 所述单指标量化与多指标综合评价方法，计算得出社会安全指数（*SSI*）评价指标及各指标得分数值见表 6.3。

表 6.3 社会安全指数（*SSI*）评价指标及各指标得分数值

评价指标	相对于准则层的权重	指标得分	指标评价等级	社会安全指数（*SSI*）
防洪标准达标率（D11）	0.387	77.43	一般	81.83
洪涝灾害经济损失率（D12）	0.237	87.90	良好	
洪涝灾害人口受灾率（D13）	0.217	92.50	优秀	
灾后恢复重建能力（D14）	0.159	68.90	较差	

汾河流域的社会安全指数（*SSI*）得分 81.83 分，总体处于“良好”等级。各社会安全指标的得分由大到小的顺序依次为：洪涝灾害人口受灾率（D13）＞洪涝灾害经济损失率（D2）＞防洪标准达标率（D11）＞灾后恢复重建能力

(D14)。防洪标准达标率(D11)指标得分处于“一般”等级,说明流域防洪工程达到规划防洪标准的比例不高。灾后恢复重建能力较差,说明需要更加重视洪涝灾后的抢险救援和恢复能力。

6.1.4 休闲活动指数评价

设定每份调查问卷总分100分,根据调查问卷量表以及内容分析,综合问卷结果对汾河流域幸福河心理体验快乐准则层指标得分进行计算。

根据章节3.4计算的指标权重、章节3.5所述单指标量化与多指标综合评价方法,得出休闲活动指数(*LAI*)评价指标及各指标得分数值见表6.4。

表6.4 休闲活动指数(*LAI*)评价指标及各指标得分数值

评价指标	相对于准则层的权重	指标得分	指标评价等级	休闲活动指数(*LAI*)
河流景观质量(D15)	0.540	90.44	优秀	88.76
亲水设施完善程度(D16)	0.256	89.74	良好	
水文化影响力(D17)	0.204	83.08	良好	

汾河流域的休闲活动指数得分88.76分,总体处于“良好”等级。各休闲活动指标的得分由大到小的顺序依次为:河流景观质量(D15)>亲水设施完善程度(D16)>水文化影响力(D17)。现状调查表明,流域居民对河流景观质量与亲水设施质量较为满意,河流具有一定的文化影响力。

6.1.5 情感认同指数评价

根据章节3.4计算的指标权重、章节3.5所述单指标量化与多指标综合评价方法,得出情感认同指数(*EII*)评价指标及各指标得分数值见表6.5。

表6.5 情感认同指数(*EII*)评价指标及各指标得分数值

评价指标	相对于准则层的权重	指标得分	指标评价等级	情感认同指数(*EII*)
公众水情教育普及度(D18)	0.329	87.85	良好	89.54
公众河流治理参与度(D19)	0.306	90.90	优秀	
公众河流幸福满意度(D20)	0.365	89.91	良好	

汾河流域的情感认同指数得分89.54分,总体处于“良好”等级。各情感认同指标的得分由大到小的顺序依次为:公众河流治理参与度(D19)>公众河流幸福满意度(D20)>公众水情教育普及度(D18)。现状调查表明,流域居民参与河流治理的热情较高,水情教育在居民中的普及程度较好,大多数人对汾河流域的幸福度感到满意。

6.2　幸福指数综合评价

以 2021 年为评价基准年，汾河流域综合幸福指数评价结果为 68.37 分，幸福等级处于“较不幸福”，接近“一般幸福”水平。

从需求层指标来看，汾河流域情感认同需求得分最高，接近 90 分，处于“良好”等级，接近“优秀”；社会安全与休闲活动需求得分均介于 80～90 分之间，处于“良好”等级；河流健康与经济保障需求得分低于 60 分，处于“很差”等级，属于明显短板。汾河流域河流幸福指数综合评价结果见表 6.6，汾河流域幸福河评价需求层和指标层指标雷达图分别如图 6.1 和图 6.2 所示。

表 6.6　　汾河流域河流幸福指数综合评估结果

目标层	准则层	需求层	指标层	指标获取类型	总权重	现状指标值	现状得分		
河流幸福指数	河流系统健康	河流健康（C1）	生态流量保障程度（D1）	直接计算	0.096	30.00%	30.00	54.67	68.37
			水生生物完整性指数（D2）		0.063	74.19%	74.19		
			水域空间保有率（D3）		0.047	99.56%	99.56		
			河流水质指数（D4）		0.127	40.00%	40.00		
			河流纵向连通性指数（D5）		0.038	54.00%	78.40		
	基本需求满足	经济保障（C2）	人均 GDP（D6）	模型模拟	0.039	56392.02（元）	64.38	56.63	
			人均水资源占有量（D7）		0.047	268.78（m^3）	21.50		
			万元 GDP 用水量（D8）		0.039	36.41（m^3/万元）	72.24		
			单方用水量产值（D9）		0.032	281.14（元）	53.11		
			用水结构水平（D10）		0.031	84.14%	84.14		
		社会安全（C3）	防洪标准达标率（D11）	直接计算	0.096	77.43%	77.43	81.83	
			洪涝灾害经济损失率（D12）		0.059	0.18%	87.90		
			洪涝灾害人口受灾率（D13）		0.054	0.38（人/百万人）	92.50		
			灾后恢复重建能力（D14）		0.040	68.90%	68.90		
	心理体验快乐	休闲活动（C4）	河流景观质量（D15）	调查问卷	0.056	90.44%	90.44	88.76	
			亲水设施完善程度（D16）		0.027	89.74%	89.74		
			水文化影响力（D17）		0.021	83.08%	83.08		
		情感认同（C5）	公众水情教育普及度（D18）		0.029	87.85%	87.85	89.54	
			公众河流治理参与度（D19）		0.027	90.90%	90.90		
			公众河流幸福满意度（D20）		0.032	89.91%	89.91		

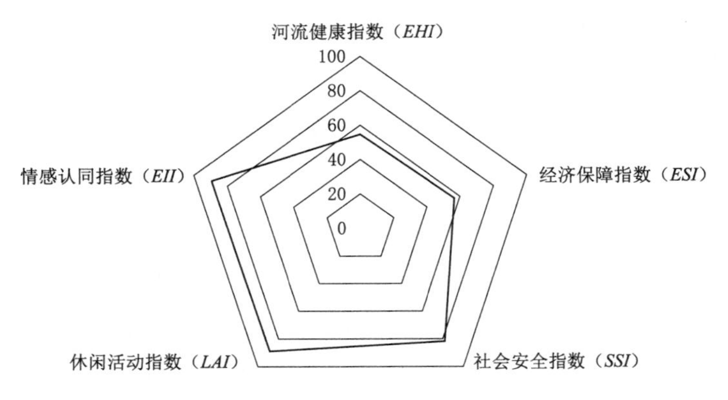

图6.1　汾河流域幸福河评价需求层指标雷达图

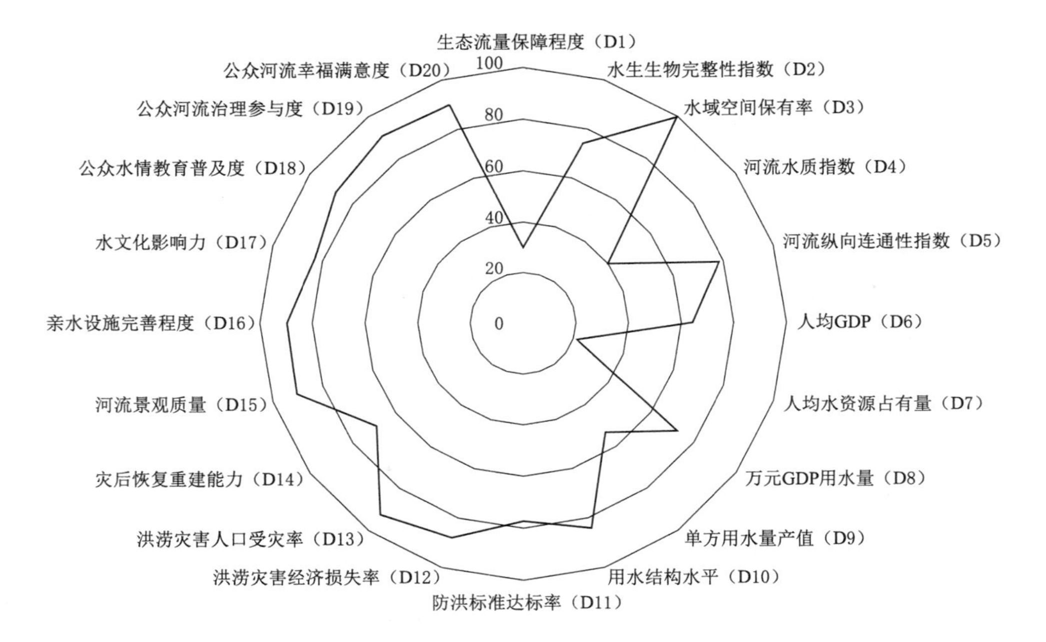

图6.2　汾河流域幸福河评价指标层指标雷达图

注：指标得分<60表示很差；60（含）～70表示中等；70（含）～80表示一般；80（含）～90表示良好；≥90表示优秀。

从指标层指标来看，汾河流域得分较高的指标有水域空间保有率（D3）、河流景观质量（D15）、公众河流治理参与度（D19）、洪涝灾害人口受灾率（D13），得分高于90分，处于“优秀”等级；得分较低的指标有人均水资源占有量（D7）、生态流量保障程度（D1）、河流水质指数（D4）和单方用水量产值（D9），得分均低于60分，处于“很差”等级。

汾河流域现状河流健康情况得分较低，分析其主要原因如下：

(1) 生态流量保障程度低，保障率仅有 30.0%。2008 年以来，山西省利用万家寨引黄工程南干线向汾河上中游每年补充生态水量 1 亿～1.5 亿 m^3，利用现有引沁入汾工程向汾河下游调水 5000 万 m^3，汾河断流的问题基本得到解决，但生态基流仍然偏小。

(2) 河流水质差，达标率仅 40.0%。2021 年山西全省地表水水质属轻度污染，劣Ⅴ类水质断面占比偏高。

(3) 河流纵向连通性较低，按照指标评分标准处于“一般”等级。表明研究区域内对汾河水资源的高度开发利用导致流域出现水系衰落的现象，受拦河建筑物的阻隔影响，干扰了河流功能的发挥，对河流连续生境的破碎作用突出，从而影响水生生物尤其是洄游性鱼类的生存环境。

在对不同时期黄河流域河流的纵向连通性评价结果中，汾河流域 1960 年评价结果为 0.02，1980 年为 0.06，2000 年为 0.24，评价等级均属于“优”(<0.3)。可见汾河纵向连通性情况 1960—1980 年期间已出现恶化趋势，1980 年以后继续加速恶化，2000—2018 年恶化趋势最为显著，评价等级从“优”下降为“中”。纵向连通性指数增长幅度也呈现逐年增大趋势。

汾河流域现状经济保障情况得分较低，分析其主要原因如下：

(1) 水资源禀赋不足，人均水资源占有量少。2021 年汾河流域人均水资源占有量 324.66m^3，远低于全国平均水平，水资源短缺问题非常严重。

(2) 用水效率和用水效益距离先进水平还有一定的差距，水资源支撑经济发展的能力不足。

6.3 评价结果的对比

本书依据相关文献频率统计分析方法，通过引用量、下载量等客观数据，寻找目前众多学者较为认可的指标体系作为横向对比的研究对象。汾河流域属于黄河流域一级区，因此最终以中国水利水电科学研究院所著的《中国河湖幸福指数报告 2020》(本节中以下简称《报告》) 中构建的黄河流域幸福河评价结果作为对比对象进行对比研究。

6.3.1　评价指标体系对比

评价指标体系方面，本书的指标体系由河流系统健康、人类需求满足、心理体验快乐，3个基于人类幸福的评判原则作为准则层，继续细化构成包含20个指标的评价体系。中国水利水电科学研究院所著的《报告》则是站在河流的角度，以河流所应该具备的功能为准则，构建以水安澜保障、水资源支撑、水环境宜居、水生态健康、水文化繁荣方面为框架的共包含30个二、三级指标的评价体系。

指标权重方面，本书的指标权重是通过主观赋权法，由专家学者根据自身经验与知识储备对各个指标的相对重要性进行判断打分，再利用层次分析法减轻人为赋分的主观性。《报告》则是通过综合评判法确定各指标权重。

指标标准拟定方面，本书采用的指标有与《报告》相同或相似的指标，例如河湖水质指数、生态流量达标率、水域面积保留率、人均水资源占有量、单方水国内生产总值产出量、洪涝灾害经济损失率、防洪工程达标率、洪涝灾后恢复能力、公众水意识普及度、公众水治理参与度等。对于一些相同或含义类似的指标，本书直接沿用《报告》研究成果；有些名称和含义不同的指标，通过查阅文献、相关标准，结合咨询专家的建议，或参考全国优秀水平、发达国家现有水平等，拟定评价标准中的各个基准值，以此为依据制定各指标评价标准。

6.3.2　评价指标结果对比

鉴于《报告》只对中国十大水资源一级区进行了评价，没有单独涉及汾河流域，而黄河流域一级区整体情况包含汾河流域，汾河存在与黄河流域特征相似之处，故将本书的汾河流域评价结果与黄河流域平均水平进行简要的横向对比。

从整体上看，评价结果没有较大差异，以《报告》的评价体系计算结果，黄河整体河流幸福指数为71.00分，处于“一般”等级；这与本书计算出的汾河流域河流幸福指数结果68.37分相比略高，但分数相差不大。汾河流域是黄河的第二大支流，总的来说应与黄河流域幸福指数属于同一或相近档次，直观来看其污染等问题在黄河流域比较突出，幸福指数比黄河略低，符合客观情况，说明本书构建的评价体系具有合理性。

两个指标体系最大的差异在于侧重点不同，本研究的切入点是建立在人的幸福理论之上，选取的指标都是相对更加直接与人或人的感受产生关联的指标，而《报告》构建的指标体系则是从水的角度出发，选择影响河流功能发挥的客观指标。

6.4　幸福度提升潜力分析与政策建议

6.4.1　提升潜力分析

针对汾河流域河流健康与经济保障2个需求层得分较低的现状，对未来流域幸福度的提升潜力进行分析。

引黄入晋工程可以在山西大水网的建设中发挥重要的作用。按照设计规模，引黄入晋工程从黄河万家寨水库取水，每年可从黄河干流上引用12亿m^3的水。根据《汾河流域生态环境治理修复与保护工程方案》（晋政办发〔2008〕59号），若要保证维持汾河干流河道不断流、河滨植被系统不退化以及河流水功能的水质达标，通过水资源平衡计算，在充分利用现有工程和能力的情况下，上中游利用引黄南干线现有供水能力调水1.5亿m^3；下游利用现有引沁入汾工程调水5000万m^3，合计调水2.0亿m^3，可以满足近期汾河干流最低要求的生态需水量。2022年以后满足汾河干流生态补水2.5亿～3.9亿m^3。

从水源地黄河万家寨水库，到末端汾河水库，引黄工程调水的水质基本可以保证在地表水Ⅲ类或更高，经水厂常规处理后即可满足饮用水卫生标准要求。

基准情景下，山西省2021年本地常规水源用水量占比86.3%，外调水源占比6.6%，其他水源占比7.1%。不同政策情景下三种水源用水量的占比变化情况如图6.3所示。随着外调水源引水量增加，本地常规水源（包括地表水与地下水）用量占比逐渐降低，在总用水量保持在约每年70亿m^3的情况下，到2030年，政策情景1～6下可分别减少引用本地常规水0.85%、2.33%、3.25%、4.00%、4.63%和5.17%。用外调水源置换本地用水量，合理开发利用地表水资源，控制地下水开采量，减少地下水利用，实现多种水源联合运用。

基准情景下，山西省2021年万元GDP用水量为30.75m^3，是世界先进水

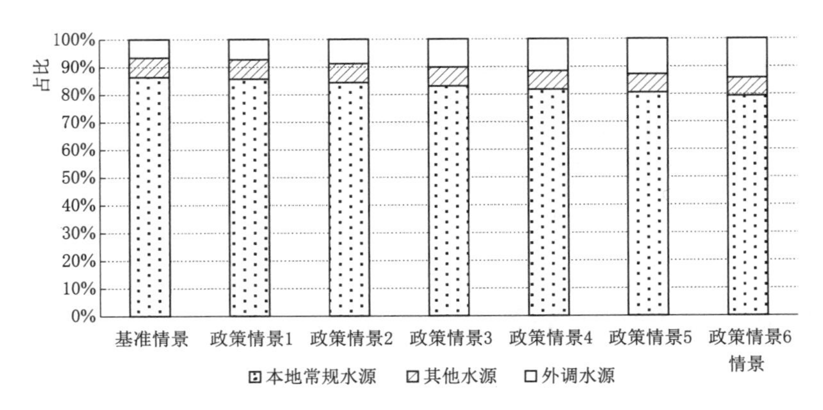

图 6.3　不同政策情景下三种水源用水量的占比变化情况

平的 1.17 倍。2021 年山西的第一产业、第二产业和第三产业万元行业增加值用水量分别为 394.94m³、11.58m³ 和 13.33m³。

若按照政策情景 6，引水工程按每年最高引水能力的 12 亿 m³ 水量，其中 2 亿 m³ 用于汾河生态补水，10 亿 m³ 用于三产，计算结果见表 6.7。到 2025 年，相比 2021 年，万元 GDP 用水量可减少 21.9%，三产万元行业增加值用水量可分别减少 31.1%、10.5% 和 12.6%；到 2030 年，万元 GDP 用水量可减少 37.1%，三产万元行业增加值用水量可分别减少 46.2%、31.0%和 20.6%。

表 6.7　　政策情景 6 下万元行业增加值用水量　　单位：m³

行业＼年份	2021	2022	2023	2024	2025	2026	2027	2028	2029	2030
全行业	30.75	27.62	26.34	25.14	24.00	22.95	21.96	21.03	20.15	19.33
第一产业	394.94	320.20	303.28	287.26	272.05	258.84	246.27	234.34	223.12	212.66
第二产业	11.58	12.24	11.58	10.95	10.37	9.82	9.32	8.84	8.40	7.99
第三产业	13.33	12.41	12.15	11.90	11.65	11.42	11.20	10.98	10.78	10.58

到 2024 年，万元 GDP 用水量即可超过高收入国家平均水平 2020 年基准。

基准情景下，山西省 2021 年单方用水量 GDP 为 325.24 元，约为世界先进水平 531 元的 6 成。2021 年山西的第一产业、第二产业和第三产业单方用水量产值分别为 25.32 元、863.38 元和 750.31 元。按照政策情景 6 计算，结果见表 6.8。到 2025 年，相比 2021 年，单方用水量产值可增加 28.1%，三产单方用水量产值可分别增加 45.2%、11.7%和 14.4%；到 2030 年，单方用水量产值可增加 59.1%，三产单方用水量产值可分别增加 85.7%、45.0%和 26.0%。

表 6.8 政策情景 6 下单方用水量产值 单位：元

行业＼年份	2021	2022	2023	2024	2025	2026	2027	2028	2029	2030
全行业	325.24	362.11	379.61	397.78	416.62	435.68	455.32	475.53	496.23	517.37
第一产业	25.32	31.23	32.97	34.81	36.76	38.63	40.61	42.67	44.82	47.02
第二产业	863.38	817.16	863.73	912.86	964.58	1017.90	1073.46	1131.07	1190.54	1251.68
第三产业	750.31	805.52	822.95	840.53	858.27	875.60	893.02	910.48	927.93	945.27

到 2030 年，单方用水量产值可基本达到世界先进水平 2020 年基准值。

综合来看，以政策情景 6 调水情景为例，到 2025 年，经济保障需求层得分可提高到 72.52 分，到 2030 年，得分可提高到 77.63，从很差提升至一般水平。政策情景 6 下经济保障需求层现状及预计变化情况如图 6.4 所示。由此可见，增加外调水量，是解决水资源总量不足、提升汾河流域用水效率和用水效益的重要手段之一。除此之外，外调水量的增加不仅能提高生态流量保障程度，还可有力地提高水体修复自净能力。在改善区域整体水质的同时，进一步修复河道周边生态环境，对实现山西母亲河水量丰起来、水质好起来、风光美起来的目标贡献明显，也对提高汾河流域河流健康与经济保障需求层幸福度有极大的改善作用。

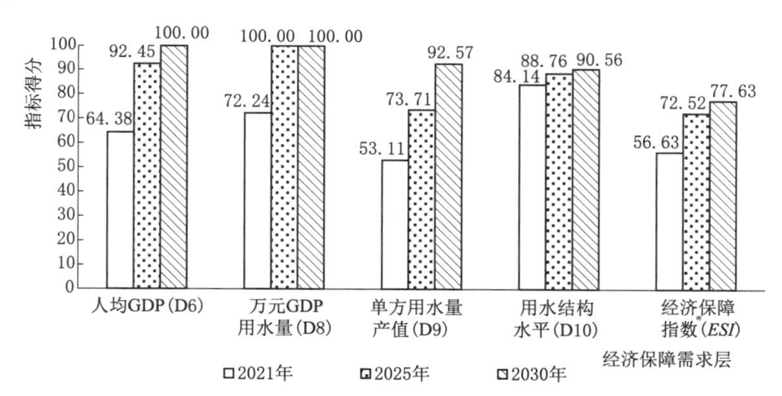

图 6.4 政策情景 6 下经济保障需求层现状及预计变化情况

6.4.2 政策建议

贯彻落实习近平总书记“节水优先、空间均衡、系统治理、两手发力”的治水思路，从各个维度提升汾河幸福指数。

(1) 节水优先。对于资源型缺水地区来说，目前的关键环节仍然是节水。要把节水放在优先位置，提高节水观念，采取节水措施。针对人均 GDP、人均水资源占有量、万元GDP用水量、单方用水量产值等指标短板，必须落实节水优先方针，实施节水三大战略转变。对于水资源紧缺的汾河流域，在制定经济发展规划时，要充分考虑水资源的制约作用，应限制高用水行业的发展速度与发展规模，同时大力鼓励低耗水、高产出的行业发展，以追求国民经济的高速、持续发展。适度控制第一产业的发展，而将第三产业作为发展重点，增加其比重。政府相关部门应以开源调水为重点，建立能够支持山西可持续发展的供水保障体系，注重开源调水，积极拓展供水渠道，积极寻求国家政策资金支持，为汾河沿线社会经济发展、生态文明建设和全方位推动高质量发展提供坚实的水安全、水保障、水支撑。

（2）空间均衡。必须树立人口经济与资源环境相均衡的原则，加强需求管理，把水资源、水生态、水环境承载能力作为刚性约束。针对防洪工程达标率、生态流量保障程度、水域空间保有率等指标，急需解决水资源空间分布失衡的问题，实施需求侧优化调控，供给侧优化完善，实现空间均衡。

（3）系统治理。山水林田湖是一个生命共同体，治水要统筹自然生态的各个要素，要用系统论的思想方法看问题，运用系统思维，统筹谋划治水、兴水、节水、管水各项工作。针对河流景观质量、亲水设施完善程度、水文化影响力等指标，不仅需要水利部门从行业的角度进行科学判定，还需要文化、文物、旅游等部门的协同配合。应建立面向系统治理的流域管理体制机制，由现行流域管理机构牵头，其他部门派出的流域或区域管理机构参与，共同建立流域管理协调机制。

（4）两手发力。充分发挥市场和政府的作用，必须两手发力双管齐下，加强法治建设，深化水价改革，强化社会监督，增进政府-市场-公众协同。针对公众水治理认知参与度、公众水情教育普及度等指标，要进一步完善政府监管体系，充分完善市场调节。建立水文化及水文化遗产的科学评价体系和相关配套政策体系，制定出台相关的标准和举措。加大政府资金投入力度，积极培育和探索建立健康、稳定、繁荣的水文化市场机制，可以重点在水利文化旅游、水利博物馆建设等方面进行尝试，寻求结合点，走上良性发展的道路。

6.5　本章小结

本章基于构建的指标体系与指标计算结果，对汾河流域的幸福需求指数与整体幸福水平进行了分析与评价，找出了现状薄弱环节与导致其不幸福可能存在的原因，并对未来汾河流域幸福指数的提升潜力进行了总结。综合来说，在对汾河进行幸福度评价的维度上，针对人类幸福感的心理体验快乐程度令人比较满意，基本需求满足上还有很大的提升空间；而针对汾河本身的河流系统健康情况不容乐观。

第7章　结论与建议

7.1　研究结论

本书在综述国内外河流评价方法及国内幸福河评价方法的基础上，提出了基于人类幸福理论的幸福河基本理论体系，从科学的角度构建了幸福河评价指标体系，包括评估指标体系和评估方法体系。并以汾河流域为实例进行应用研究，初步验证了理论与方法的合理性与可操作性。本书不仅丰富了河流幸福评价理论体系，而且为提升汾河流域河流幸福指数的方向提供了科学依据。取得的主要研究成果如下：

（1）分析了幸福河的内涵和构成，系统整合提出了幸福河评价的技术框架。在对幸福的含义及内容进行系统探讨的基础上，运用马克思主义幸福论、马斯洛需求理论等人类幸福的社会学理论，剖析了幸福河评价问题中的内容和实现过程，一条令人幸福的河流既能使人的需要和欲望得以满足与实现，又能让人获得快乐的心理体验；把河流幸福指数这个抽象的概念转化为统计层次上的两大模块，建立起一套科学的河流幸福指数评价指标体系。结合理论分析法、层次分析法和专家咨询法，提出四层递阶结构的幸福河评估指标体系。

（2）通过辨识幸福河建设中的关键因素，以独立性、可操作性、主观评价与客观评价相结合、动态性与静态性相结合等为原则，在考虑河流系统健康、人类需求满足与心理体验快乐的基础上，构建了包含河流健康、经济保障、社会安全、休闲活动和情感认同5个需求层次的幸福河量化指标体系，共20个与人类幸福相关联的指标，即生态流量保障程度、水生生物完整性指数、水域空间保有率、河流水质指数、河流纵向连通性指数、人均GDP、人均水资源占有量、万元GDP用水量、单方用水量产值、用水结构水平、防洪标准达标率、洪涝灾害经济损失率、洪涝灾害人口受灾率、灾后恢复重建能力、河流景观质量、亲水设施完善程度、水文化影响力、公众水情教育普及度、公众河流治理参与度、公众河流幸福满意度。由于每种指标评估方法都有其自身的适用范围，参考已有相关研究成果及各地出台的标准规范，拟定河流幸福各指标的评价标准。运用层次分析法确定了各指标权重。

（3）以山西省汾河流域为应用案例，计算了汾河流域河流幸福指数评估结果。在对山西省汾河流域经济发展状况和生态环境状况进行综合分析、对社会公众意见进行广泛征求的基础上，结合汾河流域调水工程现状条件及其布局，对幸福河评价体系中的20个指标进行了计算和分析。

以2021年为评价基准年，汾河流域综合幸福指数评价结果为68.37分，幸福等级处于“较不幸福”，接近“一般幸福”水平。在影响汾河流域河流幸福指数的五大需求中，河流健康指数得分54.67分，经济保障指数得分56.63分，处于“很差”等级。社会安全指数得分81.83分，休闲活动指数得分88.76分，情感认同指数得分89.54分，总体处于“良好”等级。从指标层指标来看，汾河流域得分较高的指标有水域空间保有率、河流景观质量、公众河流治理参与度、洪涝灾害人口受灾率，得分高于90分，处于优秀等级；得分较低的指标有人均水资源占有量、生态流量保障程度、河流水质指数和单方用水量产值，得分均低于60分，处于“很差”等级。说明汾河流域缺水情况仍然严峻，水质状况仍有很大的提升空间，水资源量不足、用水效率和用水效益偏低仍是制约汾河流域经济社会发展的关键因素。

（4）针对汾河流域河流健康与经济保障两个需求层得分较低的现状，对未来流域幸福度的提升潜力进行分析，针对流域自身实际情况提出了提升幸福河指数的调控对策。利用引黄入晋工程增加流域外调水量，在调入水量为5亿m^3、6亿m^3、7亿m^3、8亿m^3、9亿m^3、10亿m^3时，到2030年可分别减少引用本地常规水源0.85%、2.33%、3.25%、4.00%、4.63%和5.17%。充分利用引黄入晋现有工程和能力，到2030年万元GDP用水量可减少37.1%，单方用水量产值可增加59.1%，可基本达到现状高收入国家与世界先进基准水平。在调入水量10亿m^3的情景下，到2030年，经济保障需求层得分可从现状56.63分提高到77.63分。由此可见，增加外调水量，是提升汾河流域用水效率和用水效益的重要手段之一。同时每年向汾河干流生态补水2.5亿～3.9亿m^3，可基本满足汾河干流最低要求的生态需水量，提高水体修复自净能力，改善水质。

7.2　创新点

从理论体系、评估方法、实证应用、政策建议等方面对汾河流域的幸福指数进行评估，主要创新性成果如下：

（1）整合幸福河基本理论。从河流系统与人类幸福的视角构建幸福河基本理论体系，基于马克思幸福论、马斯洛需求层次理论、河流价值理论等，整合幸福河基本理论。突出了人在幸福河评价中的主体性。

（2）构建幸福河评价指标体系。根据马克思主义幸福观的两层内容，基于主观性与客观性相结合原则，一条令人幸福的河流既能使人的需要和欲望得以满足与实现，又能让人获得快乐的心理体验，把河流幸福指数这个抽象的概念转化为统计层次上的两大模块，然后再进一步进行细分，建立起一套河流幸福指数评价指标体系。

（3）提出需求层指标的动态计算方法。基于一般均衡原理，构建了山西省水资源 CGE 模型，针对调水工程对区域的社会经济影响进行动态评估。在充分考虑山西省供用水特点的基础上，将水的生产与供应部分细化为本地常规水源供水、其他水源供水、外调水源供水三类水源，建立各水源之间的替代关系。

（4）设计公众调查量表和调查问卷。在心理体验快乐准则层指标的获取和计算上，针对目前河湖幸福满意度的调查没有统一标准的状况，以现代幸福感研究理论和体系为基础，重新设计了包含生活满意度、积极情感、消极情感的河流幸福度公众调查量表和调查问卷，并引入信度和效度检验步骤，提升调查质量与科学性。

7.3　研究展望

本书在国内外幸福河评价相关研究的基础上，基于人类幸福理论深入探讨了幸福河的概念和内涵，分析了我国目前幸福河建设过程中存在的问题，构建了基于三大准则、五大需求的多维度幸福河评价体系。对山西省汾河流域幸福河指数进行了评价，并提出了具体调控对策。但是幸福河问题是一个涉及多领域、多学科、多研究对象的复杂问题，本书还存在很多问题，需要开展更为深入的研究，具体内容包括以下几个方面：

（1）本书在由目标层向准则层、需求层以及指标层的细化过程中，仍然具有一定的局限性，指标体系的构建过程难免存在主观性与指标体系覆盖不全面等问题，幸福河评价指标体系的研究还有待进一步深入和完善。建议未来对幸福河内涵进行更深一步的挖掘，探索更能区别于现有指标体系、更能直观体现人类幸福的指标。

（2）本书在研究汾河流域幸福度提升的路径与潜力时，主要考虑的是冲击引黄入晋工程外调水的水价引起的水量变化。建议未来研究中可改变和增加政策情景冲击的对象，如技术进步、产业结构调整等政策类型，探索提高流域经济保障幸福指数的政策方向。

（3）本书在心理体验快乐准则层的主观指标中，分析了人口学变量对幸福感体验的差异。建议未来可研究针对不同性别、不同年龄、不同职业身份的人群制定有针对性的河流幸福度提升措施。在从主观与客观不同角度调查研究河流幸福度过程中，针对主观指标与客观指标之间评价结果存在差异的现象，探索其原因，寻求消除差异、统一标准的方法。

参 考 文 献

[1] 葛剑雄. 河流伦理与人类文明的延续 [J]. 地理教学，2005 (5)：1-4.

[2] 习近平. 在黄河流域生态保护和高质量发展座谈会上的讲话 [J]. 中国水利，2019 (20)：1-3.

[3] 习近平. 在黄河流域生态保护和高质量发展座谈会上的讲话 [EB/OL]. (2019-09-18). http：//www.gov.cn/xinwen/2019-10/15/content_5440023.htm.

[4] 鄂竟平. 谱写新时代江河保护治理新篇章 [EB/OL]. (2019-12-05). http：//www.mwr.gov.cn/xw/slyw/201912/t20191205_1373783.html.

[5] 陈刚. 汾河流域生态环境现状及原因分析 [J]. 山西水利，2016 (10)：10-11，19.

[6] 李军伟，李恩慧，穆阳阳，张晓红. 山西汾河流域水资源现状及生态修复研究 [J]. 资源节约与环保，2020 (11)：23-25.

[7] 王秋霞. 汾河流域生态环境现状初步调查及评价 [J]. 山西水利，2017 (01)：18-19，21.

[8] "习总书记视察山西讲话进基层"主题宣讲 [J]. 山西水利，2017 (08)：3.

[9] 沿汾六市政协汾河流域生态保护和高质量发展协商研讨第一次会议发出倡议 加快汾河流域生态保护和高质量发展 [EB/OL]. (2022-10-05). https：//www.shanxi.gov.cn/ywdt/sxyw/202210/t20221005_7227655.shtml.

[10] 李先明. 幸福河的文化内涵及其启示 [J]. 中国水利，2020 (11)：55-59.

[11] 刘仁刚，龚耀先. 老年人幸福感概述 [J]. 中国临床心理学，1998，6 (3)：191-194.

[12] 张兰. 教育学视域下的初中幸福观教育研究 [D]. 沈阳：沈阳师范大学，2009.

[13] 苗元江. 心理学视野中的幸福 [D]. 南京：南京师范大学，2003.

[14] 中国社会科学院语言研究所. 新华字典 [M]. 12 版. 北京：商务印书馆，2020.

[15] 中国社会科学院语言研究所词典编辑室. 现代汉语词典 [M]. 7 版. 北京：商务印书馆，2016.

[16] 王世朝. 幸福论 关于人·人生·人性的哲学笔记 [M]. 合肥：安徽人民出版社，1998.

[17] 高延春. 马克思幸福论 [M]. 北京：科学出版社，2015. 10.

[18] 佩德罗·孔塞桑，罗米娜·班德罗，卢艳华. 主观幸福感研究文献综述 [J]. 国外理论动态，2013 (07)：10-23.

[19] 高延春. 发展价值理性的当代转向：从 GDP 崇拜到 GNH 关怀 [J]. 江西社会科学，2011，31 (07)：42-46.

[20] 邓伟志. 社会学辞典 [M]. 上海：上海辞书出版社，2009.

[21] Heuiwell J，Layard R，Sachs J. World Happiness Report 2012 [R]. Sustainable Development Solutions Network，2012.

[22] Helliwell，John F，Richard Layard，et al. World Happiness Report 2020 [R]. New York：

Sustainable Development Solutions Network，2020.

[23] 邢平均．关于提升国民幸福指数的若干思考 [J]．科学对社会的影响，2007 (02)：5-8.

[24] 林洪，李玉萍．国民幸福总值 (GNH) 的启示与国民幸福研究 [J]．当代财经，2007 (05)：14-17.

[25] Lyonpo Jigmi Y，Thinley. Gross National Happiness and Human Development - Searching for Common Ground [R]. Gross National Happiness Discussion Papers，Centre for Bhutan Studies，1999.

[26] 周海欧．GDP崇拜为何难以克服——论发展中的四种观念性障碍及其错误本质 [J]．人民论坛，2014 (05)：76-78.

[27] 黎昕，赖扬恩，谭敏．国民幸福指数指标体系的构建 [J]．东南学术，2011，(5)：66-75.

[28] 刘国风，李军．城镇居民幸福指数的准确测度——兼议提升国民整体幸福水平之见解 [J]．河北经贸大学学报，2012，(6)：90-95.

[29] 姜海纳，侯俊军．国民幸福感指数评价指标体系的构建及测算 [J]．统计与决策，2013 (23)：4-7.

[30] 罗建文，赵嫦娥．论居民幸福指数的评价指标体系及测算 [J]．湖南科技大学学报（社会科学版），2012，(1)：43-51.

[31] 王锐生．"以人为本"：马克思社会发展观的一个根本原则 [J]．哲学研究，2004 (02)：3-8.

[32] 左其亭，郝明辉，马军霞，等．幸福河的概念、内涵及判断准则 [J]．人民黄河，2020，42 (01)：1-5.

[33] 陈茂山，王建平，乔根平．关于"幸福河"内涵及评价指标体系的认识与思考 [J]．水利发展研究，2020，20 (01)：3-5.

[34] 唐克旺．对"幸福河"概念及评价方法的思考 [J]．中国水利，2020 (06)：15-16.

[35] 李国英．河流伦理 [J]．黄河文明与可持续发展，2012 (2)：1-7.

[36] 中国水利水电科学研究院，幸福河研究课题组．幸福河内涵要义及指标体系探析 [J]．中国水利，2020 (23)：1-4.

[37] 王浩．水环境水生态安全保障战略与技术为打造幸福河提供支撑 [J]．中国水利，2020 (02)：21，25.

[38] Priscoli J D. Water and civilization：using history to reframe water policy debates and to build a new ecological realism [J]. Water Policy，1998，1：623-636.

[39] Anderson E P，Jackson S，Tharme R E，et al. Understanding rivers and their social relations：a critical step to advance environmental water management [J]. Wiley Interdisciplinary Reviews-Water，2019，6：e1381.

[40] 赵银军，丁爱中，沈福新，等．河流功能理论初探 [J]．北京师范大学学报（自然科学版），2013，49 (01)：68-74.

[41] 董哲仁．河流健康的内涵 [J]．中国水利，2005 (04)：15-18.

[42] Scrimgeour G J，Wicklum D. Aquatic Ecosystem Health and Integrity：Problems and Potential Solutions [J]. Journal of the North American Benthological Society，1996，15 (2)：254-261.

[43] Norris R H，Thomas M C. What is river health [J]. Freshwater Biology，1999，41 (2)，

197－209.

[44] Karr J R. Defining and measuring river health [J]. Freshwater Biology, 1999, 41: 221－234.

[45] Rapport D J, Bohn G, Buckingham D, et al. Ecosystem health: the concept, the ISEH, and the important tasks ahead [J]. Ecosystem Health, 1999, 5: 82－90.

[46] Fairweather P G. State of environmental indicators of 'river health': exploring the metaphor [J]. Freshwater Biology, 1999, 41, 221－234.

[47] Meyer J L. Stream health: incorporating the human dimension to advance stream ecology [J]. Journal of the North American Benthological Society, 1997, 16: 439－447.

[48] Cairns J. Eco－Societal restoration: re－examining human society's relationship with natural systems [R]. The abel Wolman Distinguished lecture, National Academy of Sciences, 1994.

[49] Rogers K, Biggs H. Integrating indicators, endpoints and value systems in strategic management of the river of the Kruger National Park [J]. Freshwater Biology, 1999, 41: 254－263.

[50] 赵彦伟，杨志峰．河流健康：概念、评价方法与方向 [J]．地理科学，2005 (01)：119－124.

[51] 李国英．黄河治理的终极目标是"维持黄河健康生命" [J]．人民黄河，2004，26 (1)：1－3.

[52] 蔡其华．维护健康长江 促进人水和谐 [J]．中国水利，2005 (08)：7－9.

[53] 吴阿娜，杨凯，车越，等．河流健康状况的表征及其评价 [J]．水科学进展，2005，16 (4)：602－608.

[54] 张炜华，刘华斌，罗火钱．河流健康评价研究现状与展望 [J]．水利规划与设计，2021 (04)：57－62.

[55] Raven P J, Holmes N TH, Dawson F H. River Habitat Ouality－the physical character of rivers and streams in the UK and lsle ofManRiver Habitat Survey, Report No. 2 [M]. Environment Agency, Scotish Enyironment Protection & Envirorment and Heritage Service, 1998.

[56] Barbour M T, Gemitsen J, Snyder B D, et al. Rapid Bioassessment Protocols for Use in Streams and Wadeable Rivers: Periphyton, Benthic Macroinvertebrates and Fish, Second Edition [M]. Washington D C: EPA 841－B－99－002. U. S. Eviromental Protection Agency; Office of Water, 1999.

[57] 李艳利，徐宗学，杨晓静．基于底栖动物完整性指数的浑太河流域河流健康状况评价 [J]．北京师范大学学报（自然科学版），2013，49 (Z1)：297－303.

[58] 渠晓东，陈军，陈皓阳，等．大型底栖动物快速生物评价指数在城市河流生态评估中的应用 [J]．水生态学杂志，2021，42 (03)：14－22.

[59] 张葵，王军，葛奕豪，等．基于大型底栖动物完整性指数的伊犁河健康评价及其对时间尺度变化的响应 [J]．生态学报，2021，41 (14)：5868－5878.

[60] 刘麟菲，徐宗学，殷旭旺，等．应用硅藻指数评价渭河流域水生态健康状况 [J]．北京师范大学学报（自然科学版），2016，52 (03)：317－321.

[61] 林木隆，李向阳，杨明海．珠江流域河流健康评价指标体系初探 [J]．人民珠江，

2006 (04): 1-3, 14.

[62] 李文君，邱林，陈晓楠，等. 基于集对分析与可变模糊集的河流生态健康评价模型 [J]. 水利学报，2011，42 (07): 775-782.

[63] 邓晓军，许有鹏，翟禄新，等. 城市河流健康评价指标体系构建及其应用 [J]. 生态学报，2014，34 (04): 993-1001.

[64] 左其亭. 人水和谐论及其应用研究总结与展望 [J]. 水利学报，2019，50 (1): 135-144.

[65] 李佩成. 论人水和谐 [J]. 中国水利，2010 (19): 62-64.

[66] Evan G R Davies, Slobodan P Simonovic. Global water resources modeling with an integrated model of the social-economic-environmental system [J]. Advances in Water Resources, 2011, 34: 684-700.

[67] Vörösmarty C, Lettenmaire D, Leveque C, et al. Humans transforming the global water system [J]. Eos, Transactions, American Geophysical Union, 2004 (11): 85-48.

[68] Simmons B, Woog R, Dimitrov V. Living on the edge: a complexity-informed exploration of the human-water relationship [J]. World Futures, 2007 (63): 3-4, 275-285.

[69] Falkenmark M. Water Management and Ecosystems: Ling with Change [Z]. Global Water Partnership, 2003.

[70] Lautze J, Reeves M, Vega R, et al. Water Allcation, Climate Change, andSustainable Peace: The Israeli Proposal [J]. Water International, 2005, 30 (2): 197-209.

[71] 钱正英，陈家琦，冯杰. 人与河流和谐发展 [J]. 河海大学学报（自然科学版），2006，34 (1): 1-5.

[72] 汪恕诚. 人与自然和谐相处——中国水资源问题及对策 [J]. 北京师范大学学报（自然科学版），2009，45 (Z1): 441-445.

[73] 左其亭，高丹盈. 人水和谐量化理论及应用研究框架 [C] //高丹盈，左其亭. 人水和谐理论与实践. 北京：中国水利水电出版社，2006: 1-5.

[74] 左其亭. 人水和谐论——从理念到理论体系 [J]. 水利水电技术，2009，40 (08): 25-30.

[75] 左其亭，张云，林平. 人水和谐评价指标及量化方法研究 [J]. 水利学报，2008 (04): 440-447.

[76] 康艳，蔡焕杰，宋松柏. 区域人水和谐评价指标体系及评价模型 [J]. 排灌机械工程学报，2013，31 (04): 345-351，368.

[77] Ding Y, Tang D, Dai H, et al. Human-water harmony index: a new approach to assess the human water relationship [J]. Water Resource Manage, 2014 (28): 1061-1077.

[78] 亚伯拉罕·马斯洛. 动机与人格 [M]. 北京：中国人民大学出版社，2012.

[79] 靳春玲，李燕，贡力，等. 基于UMT模型的幸福河绩效评价及障碍因子诊断 [J]. 中国环境科学，2022，42 (03): 1466-1476.

[80] 韩宇平，夏帆. 基于需求层次论的幸福河评价 [J]. 南水北调与水利科技（中英文），2020，18 (04): 1-7，38.

[81] 左其亭，郝明辉，姜龙，等. 幸福河评价体系及其应用 [J]. 水科学进展，2021，32 (01): 45-58.

[82] 贡力，田洁，靳春玲，等. 基于ERG需求模型的幸福河综合评价 [J]. 水资源保护，2022，38 (03)：25-33.

[83] 中国水利水电科学研究院. 中国河湖幸福指数报告（2020）[R]. 北京：中国水利水电出版社，2021.

[84] 中国水利水电科学研究院. 世界河流幸福指数报告（2021）[R]. 北京：中国水利水电出版社，2022.

[85] 王延贵，史红玲. 河流功能及其萎缩成因 [J]. 水利水电技术，2007 (06)：24-28.

[86] 朴昌根. 系统学基础 [M]. 上海：辞书出版社，2005.

[87] 董文虎. 实现河流有形功能与无形功能并存——从生态经济的角度全面评价水利工程 [J]. 水利发展研究，2005 (10)：27-33.

[88] 盖永伟，耿雷华，黄昌硕，等. 河流功能评价的研究进展 [J]. 人民黄河，2012，34 (08)：71-73，76.

[89] 杨文慧. 河流健康的理论构架与诊断体系的研究 [D]. 南京：河海大学，2007.

[90] 李恩宽. 黄河河流系统功能分类研究 [J]. 人民黄河，2009，31 (06)：20-21，121.

[91] 文伏波，韩其为，许炯心，等. 河流健康的定义与内涵 [J]. 水科学进展，2007 (01)：140-150.

[92] 栾建国，陈文祥. 河流生态系统的典型特征和服务功能 [J]. 人民长江，2004 (09)：41-43.

[93] 王飞，占车生，潘成忠，等. 河流功能区划理论方法研究 [J]. 中国农村水利水电，2009 (02)：33-36.

[94] 盖永伟，黄昌硕. 河流功能评价指标体系及应用 [J]. 南水北调与水利科技，2013，11 (03)：42-46.

[95] 刘晓燕. 河流健康理念的若干科学问题 [J]. 人民黄河，2008 (10)：1-3，11，108.

[96] 黄钰铃，刘德富，王从锋，等. 生态学原理在城市河流污染治理中的应用 [C]//中国环境科学学会. 中国环境保护优秀论文集（2005）（上册）. 北京：中国环境科学出版社，2005：434-437.

[97] 高耶. 河流生态学的若干重要理论 [J]. 湖南水利水电，2014 (06)：39-45.

[98] 赵伟东. 河流生态学的理念及其在河流治理中的应用 [J]. 黑龙江水利科技，2012，40 (08)：209-210.

[99] 王立新，刘华民，刘玉虹，等. 河流景观生态学概念、理论基础与研究重点 [J]. 湿地科学，2014，12 (02)：228-234.

[100] Leopold L B，Marchand M O. On the Quantitative Inventory of the Riverscape [J]. Water Resources Research，1968，4 (4)：709-717.

[101] Wiens J A. Riverine landscapes：taking landscape ecology into the water [J]. Freshwater Biology，2002，47：501-515.

[102] 张耀，曹羽乔. 河流景观生态与时空尺度研究 [J]. 现代园艺，2017 (17)：122-123.

[103] Sun P，Wang Z F. The natural landscape of the river and waterfront design in urban areas [J]. City Planning Review，2000，24 (9)：19-22.

[104] 雷毅. 河流的价值与伦理 [M]. 郑州：黄河水利出版社，2007.

[105] 乔清举. 河流的文化生命 [M]. 郑州：黄河水利出版社，2007.

[106] 乔清举. 论河流的文化生命及其对河流伦理学的意义 [J]. 商丘师范学院学报，2009，25 (04)：1-6.

[107] 乔清举. 论河流的文化生命 [J]. 文史哲，2008 (02)：57-64.

[108] 张真宇，胡述范. 走向和解：一种新的河流伦理观 [J]. 中国水利，2003 (08)：66-67.

[109] 叶平. 关于莱奥波尔德及其“大地伦理”研究 [J]. 道德与文明，1992 (06)：31-33.

[110] 陈泽环，庄明娜.《文化哲学》与生态文明 [J]. 南京林业大学学报（人文社会科学版），2008 (03)：85-89.

[111] Lilin Kerschbaumer，Konrad Ott. Maintaininga River's Healthy Life? An Inquiry on Water Ethies and Water Praxis in the Upstream Region of China's Yellow River [J]. Water Alternatives，2013 (01)：107-124.

[112] 金涛. 莎士比亚“亨利三部曲”中的河流伦理 [J]. 河南社会科学，2022，30 (02)：81-89.

[113] 苗元江. 从幸福感到幸福指数——发展中的幸福感研究 [J]. 南京社会科学，2009 (11)：103-108.

[114] Wilson W. Correlates of avowed happiness [J]. Psychological Bulletin，1967 (67)：294-306.

[115] 曹瑞，李芳，张海霞. 从主观幸福感到心理幸福感、社会幸福感——积极心理学研究的新视角 [J]. 天津市教科院学报，2013 (05)：68-70.

[116] 滕飞. 马克思主义幸福观教育研究 [D]. 南京：东南大学，2015.

[117] 宛燕，郑雪，余欣欣. SWB和PWB：两种幸福感取向的整合研究 [J]. 心理与行为研究，2010，8 (3)：190-194.

[118] Diener E D. Subjective well-being [J]. Psychology Bull，1984，95 (3)：542.

[119] 苗元江. 幸福感概念模型的演化 [J]. 赣南师范学院学报，2007 (04)：42-46.

[120] Ryff C，Keyes C. The structure of psychological well-being revisited [J]. Journal of Personality and Social Psychology，1995，69：719-727.

[121] Waterman A S. Two conceptions of happiness：Contrasts of personal expressiveness (eudaimonia) and hedonic enjoyment [J]. Journal of Personality and Social Phychology，1995，69：719-727.

[122] Price L，Johnson J，Evelo S. When Academic Assistance Is Not Enough Addressing the Mental health Issues of Adolescents and Adults with Learning Disabilities [J]. Journal of Learning Disabilites，1994，27 (2)：81-88.

[123] 邢占军，黄立清. Ryff心理幸福感量表在我国城市居民中的试用研究 [J]. 健康心理学志，2004 (03)：231-233，223.

[124] 陈浩彬，苗元江. 转型与构建：西方幸福感测量发展 [J]. 上海教育科研，2011 (7)：44-47.

[125] Ryan R M，Deci E L. To be happy or to be self-fulfilled：A review of research on hedonic and eudaimonic well-being [J]. Annual review of psychology，2001，52：141-166.

[126] 张百灵. 浅析心理学视野下幸福感研究取向的变迁 [J]. 才智，2014 (29)：294.

[127] Keyes Corey L M. Social Well-Being [J]. Social Psychology Quarterly，1998，61：121-

140.

[128] 陈浩彬，苗元江. 主观幸福感、心理幸福感与社会幸福感的关系研究 [J]. 心理研究，2012，5 (04)：46 - 52.

[129] Dierendonck D V. The constructs validity scales of psychological well - being and its extension with spiritual well - being [J]. Personality and individual，2004，2：629 - 643.

[130] Waterman A S，Schwartz S J，Zamboanga B L，et al. The questionnaire for eudaimonic well - being：Psy - chometric properties，demographic comparisons，and evidence of validity [J]. Journal of Positive Psychology，2010，5：41 - 61.

[131] 金玲玲. 主观幸福感与心理幸福感的关系研究 [D]. 石家庄：河北师范大学，2007.

[132] 陈浩彬，苗元江. 幸福与幸福的教育——基于积极心理学幸福观的思考 [J]. 教育理论与实践，2012 (3)：45 - 48.

[133] 徐云珊. 马克思劳动幸福观的科学内涵、结构层次及实现路径 [J]. 乌鲁木齐职业大学学报，2022，31 (02)：14 - 18.

[134] 中国工程院“21 世纪中国可持续发展水资源战略研究”项目组. 中国可持续发展水资源战略研究综合报告 [J]. 中国工程科学，2000 (08)：1 - 17.

[135] 全国干部培训教材编审指导委员会. 科学发展观 [M]. 北京：人民出版社，2006.

[136] 赵彦伟，杨志峰. 城市河流生态系统健康评价初探 [J]. 水科学进展，2005，16 (3)：349 - 355.

[137] 王国胜. 河流健康评价指标体系与 AHP——模糊综合评价模型研究 [D]. 广州：广东工业大学，2007.

[138] 秦鹏，王英华，王维汉，等. 河流健康评价的模糊层次与可变模糊集耦合模型 [J]. 浙江大学学报 (工学版)，2011，45 (12)：2169 - 2175.

[139] 肖风劲，欧阳华. 生态系统健康及其评价指标和方法 [J]. 自然资源学报，2002，17 (2)：203 - 209.

[140] 袁兴中，刘红，陆健健，等. 生态系统健康评价——概念框架与指标选择 [J]. 应用生态学报，2001，12 (4)：627 - 629.

[141] 马克明，孔红梅，关文彬，等. 生态系统健康评价：方法与方向 [J]. 生态学报，2001，21 (12)：2l07 - 2116.

[142] 周宇. 基于生态服务价值的松花江流域水资源可持续利用研究 [D]. 哈尔滨：东北林业大学，2010.

[143] 刘青. 江河源区生态系统服务价值与生态补偿机制研究 [D]. 南昌：南昌大学，2007.

[144] 朱建军. 层次分析法的若干问题研究及应用 [D]. 沈阳：东北大学，2005.

[145] 郭金玉，张忠彬，孙庆云. 层次分析法的研究与应用 [J]. 中国安全科学学报，2008 (05)：148 - 153.

[146] 程玉慧，谢金荣. 层次分析法在区域水资源综合评价上的应用 [J]. 海河水利，1992 (04)：21 - 25.

[147] 蔡翼飞，马佳丽，王业强. 中国能跨越“中等收入陷阱”吗？——一个区域发展的视角 [J]. 江苏行政学院学报，2020 (06)：38 - 44.

[148] 唐明，周涵杰，许文涛，等．区域用水效率综合评价：新方法研究及其应用 [J]．节水灌溉，2022（05）：89－96．

[149] 朱慧峰，秦复兴，吴耀民，等．上海市万元 GDP 用水量指标体系的建立 [J]．中国给水排水，2003（07）：36－37．

[150] 秦福兴．解读《节水型社会评价指标体系和评价方法》[J]．大众标准化，2012（06）：10－12．

[151] 耿思敏，刘定湘，夏朋．从国内外对比分析看我国用水效率水平 [J]．水利发展研究，2022，22（08）：77－82．

[152] 李珠，刘元珍，闫旭，等．引黄入晋——万家寨引黄工程综述及高新技术应用 [J]．工程力学，2007（S2）：21－32．

[153] 吴朋飞．清代汾河流域的鱼类资源状况及其生态意义 [J]．农业考古，2009（04）：238－243，250．

[154] 朱国清，赵瑞亮，胡振平，等．山西省主要河流鱼类分布及物种多样性分析 [J]．水产学杂志，2014，27（02）：38－45．

[155] 李文华，赵瑞亮．汾河渔业资源现状及分析 [J]．山西水利，2015（05）：31－32．

[156] 李宗礼，郝秀平，王中根，等．河湖水系连通分类体系探讨 [J]．自然资源学报，2011，26（11）：1975－1982．

[157] 向莹，韦安磊，茹彤，等．中国河湖水系连通与区域生态环境影响 [J]．中国人口·资源与环境，2015，25（S1）：139－142．

[158] 陆志华，李敏，石亚东．基于文献计量可视化图谱分析的河湖水系连通研究现状 [J]．水利经济，2021，39（01）：65－70，82．

[159] 李原园，郦建强，李宗礼，等．河湖水系连通研究的若干问题与挑战 [J]．资源科学，2011，33（03）：386－391．

[160] 董春雨，薛永红．从系统论的观点看我国河湖水系连通工程的得失 [J]．自然辩证法研究，2014，30（11）：38－45．

[161] 吕军，汪雪格，刘伟，等．松花江流域主要干支流纵向连通性与鱼类生境 [J]．水资源保护，2017，33（06）：155－160，174．

[162] 侯佳明，曾庆慧，胡鹏，等．基于改进阻隔系数法的河流纵向连通性评价——以黄河流域为例 [C]//中国水利学会，黄河水利委员会．中国水利学会 2020 学术年会论文集第三分册．中国水利水电科学研究院，2020：10．

[163] Bergman L，D W Jorgenson，E Zalai. General Equilibrium Modeling and Economic Policy Analysis [M]．Basil Blackwell，Oxford，1990．

[164] 罗斯·M. 斯塔尔．一般均衡理论 [M]．鲁昌，许永国，译．上海：上海财经大学出版社，2003．

[165] 赵永，王劲峰．经济分析 CGE 模型与应用 [M]．北京：中国经济出版社，2008．

[166] 李善同．中国可计算一般均衡模型及其应用 [M]．北京：经济科学出版社，2010．

[167] Dixon P B. A general equilibrium approach to public utility pricing：Determining prices for a water authority [J]．Journal of Policy Modeling，1990，12：745－767．

[168] Johansson R C. Micro and macro-level approaches for assessing the value of irrigation water [R]. World Bank Policy Research Working Paper，2005.

[169] Dudu Hasan，Chumi S. Economics of irrigation water management：A literature survey with focus on partial and general equilibrium models [R]. World Bank Policy Research Working Paper NO. 4556，2008.

[170] 赵永，王劲峰，蔡焕杰. 水资源问题的可计算一般均衡模型研究综述 [J]. 水科学进展，2008 (05)：756-762.

[171] 于浩伟，沈大军. CGE模型在水资源研究中的应用与展望 [J]. 自然资源学报，2014，29 (09)：1626-1636.

[172] 王克强，邓光耀，刘红梅. 基于多区域CGE模型的中国农业用水效率和水资源税政策模拟研究 [J]. 财经研究，2015，41 (03)：40-52，144.

[173] 黄凤羽，黄晶. 我国水资源税的负担原则与CGE估算 [J]. 税务研究，2016 (05)：47-53.

[174] 王勇，肖洪浪，任娟，等. 基于CGE模型的张掖市水资源利用研究 [J]. 干旱区研究，2008 (01)：28-34.

[175] 马静，刘宇. 基于可计算一般均衡模型的大型水电项目经济影响评价初探 [J]. 水力发电学报，2015，34 (05)：166-171.

[176] 严冬，周建中，王修贵. 利用CGE模型评价水价改革的影响力——以北京市为例 [J]. 中国人口·资源与环境，2007 (05)：70-74.

[177] 秦长海，甘泓，张小娟，等. 水资源定价方法与实践研究Ⅱ：海河流域水价探析 [J]. 水利学报，2012，43 (04)：429-436.

[178] 李昌彦，王慧敏，佟金萍，等. 基于CGE模型的水资源政策模拟分析——以江西省为例 [J]. 资源科学，2014，36 (01)：84-93.

[179] Jorgenson W. Econometric Methods for Applied General Equilibrium Analysis [M]//Scarf H，Shoven J. Applied General Equilibrium Analysis. New York：Cambridge University Press，1984.

[180] 黄卫来，张子刚. CGE模型参数的标定与结果的稳定性 [J]. 数量经济技术经济研究，1997，(6)：45-48.

[181] 贺超. CGE在电力需求分析与预测中的应用研究 [D]. 北京：北京交通大学，2015.

[182] 马骏，彭苏雅. 新型城镇化、水资源利用效率与经济增长的关系研究 [J]. 水利经济，2021，39 (04)：8-13，77.

[183] 海霞，李伟峰，王朝，等. 京津冀城市群用水效率及其与城市化水平的关系 [J]. 生态学报，2018，38 (12)：4245-4256.

[184] 汪党献，王浩，倪红珍，等. 国民经济行业用水特性分析与评价 [J]. 水利学报，2005 (02)：167-173.

[185] 倪红珍，王浩，汪党献. 产业部门的用水性质分析 [J]. 水利水电技术，2004 (05)：91-94.

[186] 高芸，马春芽，郭魏. 黄河流域农业用水结构均衡度及影响因子分析 [J]. 节水灌溉，2023，(04)：110-114，121.

[187] 曾五一，黄炳艺. 调查问卷的可信度和有效度分析 [J]. 统计与信息论坛，2005 (06)：

13 - 17.

[188] 李灿，辛玲. 调查问卷的信度与效度的评价方法研究 [J]. 中国卫生统计，2008 (05)：541 - 544.

[189] 侯佳明. 基于改进阻隔系数法的全国主要河流纵向连通性评价 [D]. 北京：中国水利水电科学研究院，2020.

[190] 李维瑜，刘静，余桂林，等. 知信行理论模式在护理工作中的应用现状与展望 [J]. 护理学杂志，2015，30 (06)：107 - 110.

[191] 李欣，卢烨鑫，夏凤，等. 基于知—信—行模型的城镇居民环境感知效应研究 [J]. 现代城市研究，2023，(04)：41 - 48.

附　　录

附表　　层次分析法专家打分结果原始数据表

指标重要性两两对比（A－B）	专家1	专家2	专家3	专家4	专家5	专家6	专家7	专家8	专家9	专家10	专家11	专家12	专家13	专家14	专家15	专家16	专家17	专家18	专家19	专家20	专家21	专家22	专家23	专家24
河流健康—经济保障	1	7	8	2	8	8	8	3	*7	1	5	3	7	*2	5	6	1	5	1	9	9	3	1	3
河流健康—社会安全	2	7	9	*2	*6	8	6	*3	*7	4	5	1	1	*6	1	6	*4	5	*5	6	9	5	*3	5
河流健康—休闲活动	1	8	9	5	*7	1	6	*3	5	7	9	1	5	3	5	6	7	5	7	4	6	7	3	5
河流健康—情感认同	3	7	9	7	*8	8	5	*3	*7	1	7	1	7	3	5	7	5	5	7	8	6	9	*4	5
经济保障—社会安全	*2	8	9	*2	*5	1	7	*2	*7	1	3	*5	*8	*3	*5	7	*3	5	*7	6	9	*3	3	4
经济保障—休闲活动	2	7	9	5	*6	1	5	1	5	1	*3	*5	7	3	1	7	5	5	1	*3	5	3	7	3
经济保障—情感认同	2	7	9	5	*8	1	5	1	5	1	*3	*2	3	3	1	6	5	5	1	7	5	3	*3	3
社会安全—休闲活动	2	8	9	7	3	8	5	1	5	1	*3	3	4	6	3	6	8	5	8	*2	6	3	3	2
社会安全—情感认同	2	7	9	7	*6	8	6	3	5	1	1	3	6	6	5	7	7	5	8	*2	6	3	*4	2
休闲活动—情感认同	2	7	9	1	*8	8	6	2	1	1	*3	3	4	1	1	5	*6	5	1	6	6	1	*2	3
河流水质指数—生态流量保障程度	3	6	9	1	9	1	8	3	1	4	*3	*3	1	1	1	6	*3	1	5	*4	9	1	3	4

续表

指标重要性两两对比（A－B）	专家1	专家2	专家3	专家4	专家5	专家6	专家7	专家8	专家9	专家10	专家11	专家12	专家13	专家14	专家15	专家16	专家17	专家18	专家19	专家20	专家21	专家22	专家23	专家24
河流水质指数—水生生物完整性指数	2	6	9	1	9	1	6	2	1	4	3	*4	3	1	1	6	*6	1	5	*6	8	5	3	4
河流水质指数—水域空间保有率	3	7	9	1	6	8	6	3	5	1	3	2	4	1	2	6	*3	1	1	*5	8	3	1	4
河流水质指数—河流纵向连通性指数	3	7	9	3	*6	8	7	3	5	1	5	1	2	1	1	6	3	1	1	7	9	1	3	4
生态流量保障程度—水生生物完整性指数	3	7	*9	1	4	8	6	3	5	1	5	1	6	1	1	5	*5	1	5	*4	9	3	3	3
生态流量保障程度—水域空间保有率	3	7	*9	1	*5	8	6	3	5	1	5	4	7	1	2	7	3	1	1	6	9	1	1	3
生态流量保障程度—河流纵向连通性指数	2	6	*4	2	5	8	6	3	5	1	7	3	4	1	1	4	1	1	1	5	7	1	3	2
水生生物完整性指数—水域空间保有率	1	6	9	1	*5	8	6	3	*7	1	3	2	*3	1	2	6	5	1	*7	3	7	1	2	2
水生生物完整性指数—河流纵向连通性指数	2	6	9	2	*7	8	6	3	5	1	3	2	*3	1	1	4	5	1	*7	*4	7	1	2	3
水域空间保有率—河流纵向连通性指数	2	7	9	2	*3	8	6	*2	5	1	*3	1	*4	1	*2	6	1	1	1	*3	7	1	3	2
人均 GDP—人均水资源占有量	2	6	9	3	9	1	8	3	*7	1	*3	*2	2	1	1	2	*3	1	1	7	7	*5	*5	*3
人均 GDP—万元 GDP 用水量	3	4	9	2	8	1	7	*5	*7	1	*7	1	*3	1	*2	3	*4	1	*5	*4	7	*3	*3	*3

续表

指标重要性两两对比（A-B）	专家1	专家2	专家3	专家4	专家5	专家6	专家7	专家8	专家9	专家10	专家11	专家12	专家13	专家14	专家15	专家16	专家17	专家18	专家19	专家20	专家21	专家22	专家23	专家24
人均GDP—单方用水量产值	3	7	8	2	9	1	7	*5	*7	1	*7	*4	2	1	*2	4	*4	1	*7	*3	7	*3	2	*2
人均GDP—用水结构水平	*2	6	8	2	*4	2	7	*5	*7	5	*5	*5	*3	5	2	4	*4	1	*7	*3	8	*3	1	2
人均水资源占有量—万元GDP用水量	*2	7	8	*3	8	8	7	*5	*7	5	*7	2	3	*3	2	4	5	1	*5	7	8	1	7	3
人均水资源占有量—单方用水量产值	2	5	9	*2	6	8	7	*4	5	5	*5	*7	1	*3	1	3	4	1	*7	6	8	1	3	3
人均水资源占有量—用水结构水平	*2	6	9	*3	*5	8	6	*5	5	5	*3	*6	*3	1	2	3	3	1	*7	*4	9	1	2	3
万元GDP用水量—单方用水量产值	3	6	9	1	*5	8	6	*5	1	5	1	*5	*2	1	*2	2	1	1	*7	*3	9	1	1	4
万元GDP用水量—用水结构水平	3	5	9	3	6	1	6	*5	*7	5	3	1	3	3	1	2	1	1	*5	*4	9	1	*2	3
单方用水量产值—用水结构水平	*2	6	8	3	*5	1	6	*5	*7	1	3	1	*2	3	2	2	1	1	1	*4	9	1	*2	2
防洪标准达标率—洪涝灾害经济损失率	4	6	9	1	*9	8	7	*3	1	1	5	2	*2	3	1	4	1	1	5	*3	9	3	8	3
防洪标准达标率—洪涝灾害人口受灾率	4	7	9	1	*6	7	8	*3	1	1	*3	3	*4	3	1	3	1	1	5	5	7	1	*7	4
防洪标准达标率—灾后恢复重建能力	4	7	9	1	8	8	7	4	5	1	*5	1	*3	1	1	4	3	1	5	*3	7	5	*3	3

续表

指标重要性两两对比（A－B）	专家1	专家2	专家3	专家4	专家5	专家6	专家7	专家8	专家9	专家10	专家11	专家12	专家13	专家14	专家15	专家16	专家17	专家18	专家19	专家20	专家21	专家22	专家23	专家24
洪涝灾害经济损失率—洪涝灾害人口受灾率	*2	5	9	1	*8	1	7	4	1	1	*3	*3	*6	1	*2	3	*4	1	1	*3	7	*3	*2	3
洪涝灾害经济损失率—灾后恢复重建能力	2	5	7	1	8	8	7	4	5	1	3	*4	3	*3	*2	3	1	1	1	5	7	1	*3	3
洪涝灾害人口受灾率—灾后恢复重建能力	2	6	*5	1	6	8	7	4	5	1	*5	*3	2	*3	1	4	6	1	1	*3	6	3	*3	3
河流景观质量—亲水设施完善程度	*2	1	9	3	8	1	6	3	5	1	3	2	5	1	1	7	7	7	5	7	5	3	*3	3
河流景观质量—水文化影响力	2	6	*3	3	6	1	6	4	1	1	5	*6	6	3	1	7	5	4	9	*4	7	5	*2	*3
亲水设施完善程度—水文化影响力	2	6	*3	*2	*6	2	6	4	*7	1	1	*7	4	3	1	5	1	3	7	6	6	3	1	3
公众水情教育普及度—公众河流治理参与度	2	6	9	*3	*9	8	6	*5	5	1	*4	1	*3	3	2	5	*3	1	*5	*2	9	4	*2	*3
公众水情教育普及度—公众河流幸福满意度	*2	6	*3	*3	*6	8	6	*5	5	1	*4	*4	*6	1	1	6	*7	1	*5	5	9	*5	*3	*3
公众河流治理参与度—公众河流幸福满意度	*2	6	*3	*3	7	8	6	3	*7	1	5	*3	*7	*3	*2	4	*7	1	7	*2	9	*9	*4	*4

注 表中数字代表 A－B 指标重要性两两对比中，A 指标相对于 B 指标更重要，数字越大代表 A 比 B 重要程度越明显。数字“1”代表 A 与 B 重要程度相同；“*”代表 B 指标相对于 A 指标更重要，“*”后数字越大代表 B 比 A 重要程度越明显。